プレストレストコンクリートと
都市トンネル工法

まえがき

　プレストレストコンクリートは，鉄筋，または無筋コンクリートに高強度鋼材によって圧縮力を導入し，部材の曲げや引張りに対して強度増加が得られることを特徴とするコンクリートである．コンクリートが曲げや引張りに対して強くなれば，同等の鉄筋量を持つ部材よりも部材の厚さを低減できるほか，同等の断面形状であれば，鉄筋量を低減できるなどの点で有利な構造となる．さらに，部材に突合わせなどの継手がある場合は，高強度鋼材の伸びにより，地震力などに対して復元性に優れた構造となる．この数々の優位性を持つコンクリートは，古くから橋梁の上部構造に用いられてきた．近年では，数々の長大橋梁の建設に寄与しており，ますますその技術も進展している．また，橋梁分野にとどまらず，数々の工場製品にも応用され，建築のはりや柱，基礎杭，鉄道の枕木など，広範囲におよぶ普及がうかがえるところである．

　一方で，同じく近年，都市部においては，地下のインフラ整備がめざましい．道路，鉄道，電力，ガス，水道，通信，上下水道など，様々な地下構造物が錯綜し，その輻輳化が高まっている．こうした都市地下構造物の建設には，シールド工法，開削工法，推進工法など，多種多様なトンネル工法が適用され，今日に至っている．これらの地下構造物は，耐久性の観点から鉄筋コンクリート構造が適用されることが多いが，地盤条件によっては，その部材厚さが建設コストの負担になることも想像に難くない．そこで，著者らは，分割された部材で構成される円形トンネルの主断面は，基本的に“はり”として設計されることに着目し，土圧や水圧の作用からの形状

保持を目的として，都市トンネルの構造に橋梁分野ですでに豊富な実績のあるプレストレストコンクリートの適用を図ることを試みた．長年にわたる技術研究開発の結果，場所打ちライニング工法（ECL工法），シールド工法，推進工法の3つの都市トンネル工法に対して，ほぼ同様の原理により，プレストレストコンクリートが構造上，適用可能なことを確認し，うち後者2工法が実用化，工事実績を重ねるまでに至った．

　本書は，著者らが過去に従事したプレストレストコンクリートを応用した都市トンネル工法の研究開発，実用化に際し，執筆，編集に関わった過去の工法研究会，現存の工法協会発行の技術資料，既発表の論文などを参考にし，すでに施工実績のある2工法について，技術的説明を補完するとともに，著者の所見を交えて編集したものである．また，プレストレストコンクリート技術と都市トンネルの構造については，個別に公的な学会，協会発行の示方書などの内容をもとに，技術融合に関わる設計の考え方などをまとめて示した．

　読者諸氏には，本書を通じて，都市トンネル工法におけるプレストレストコンクリートの有用性を十分ご理解いただけるものと信じている．また，今後，プレストレストコンクリート技術が都市トンネルのあらゆる分野に応用されることを願う次第である．

2023年1月　著者しるす

目　次

序章　プレストレストコンクリート

1．プレストレストコンクリートとは

1.1．概要

コンクリートは，圧縮に強く，引張りに弱い材料であるため，鉄筋を内包して引張力に抵抗するように考えられた部材が鉄筋コンクリート（Reinforced Concrete: RC）である．鉄筋コンクリート構造が成立する条件としては，以下の内容があげられる．

① コンクリートと鉄筋の付着により一体化した挙動を示す．
② コンクリートと鉄筋の熱膨張係数が等しく温度変化に追随する．
③ コンクリートはアルカリ性であるため内包された鉄筋が腐食しにくい．

また，鉄筋コンクリートには，以下に示す得失を考慮したうえで，その使用を検討する必要がある．

① 耐久性，耐圧縮性，耐火性に優れる．
② 構造物の形状，寸法を定めるうえで自由度が大きい．
③ 鋼構造と比較した場合，経済性で有利となる．
④ 自重が大きく，運搬，揚重などの扱いに留意が必要となる．
⑤ コンクリートの引張強度が小さく，ひび割れが生じやすい．
⑥ 強度発現に一定の養生期間が必要になる．

一方，本書で主に扱うプレストレストコンクリート（Prestressed

Concrete: PC）は，鉄筋，または無筋コンクリートの内部にあらかじめ高強度の鋼材で圧縮力を導入し，部材に引張応力が生じない補強を施した部材である．プレストレストコンクリートに使用される高強度の鋼材は，通常，PC鋼材と称し，このPC鋼材に引張力を作用させた状態で鉄筋コンクリートの両端部で定着（固定）させることで，鉄筋コンクリート全体に圧縮応力を生じさせる．また，はりなどの棒状部材が上部からの荷重によって曲げ応力を受ける場合，部材の下縁側は引張状態になる．そのため，PC鋼材を部材の下縁近くに配置し，部材の図心から一定の距離を得た偏心力により，部材に生じる引張力に抵抗させる．これにより，PC鋼材を部材の図心に配置した場合と比較すると，導入する圧縮力自体を節約することができる．

　プレストレストコンクリートは，PC鋼材を内包する条件のもとで，構造物の形状寸法を自由に定めることができるうえ，コンクリートの引張強度が小さく，ひび割れが生じやすいという欠点を補った合理的な構造である．上記特長をまとめると以下のとおりとなる．

① プレストレスの導入により，部材に生じる引張応力度を低減でき，コンクリートのひび割れを計画的に制御できる．

② プレストレスの導入により，圧縮応力度が均等に分布するため，水密性が向上する．

③ プレストレスの導入により，鉄筋コンクリート構造と比較して，圧縮力が卓越するため，曲げ応力に対する抵抗性が高く，コンクリートの部材厚さを低減できる．

④ プレストレスの導入により，地震力などの過大な荷重による変形に対しても，PC鋼材の追随性が高く，荷重除荷後の復

元性に優れる．

図-1.1.1に鉄筋コンクリートとプレストレストコンクリートの概念を示す．

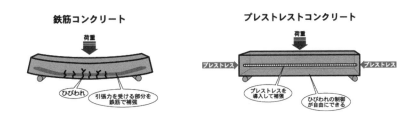

図-1.1.1　鉄筋コンクリートとプレストレストコンクリートの概念[1] を編集

プレストレストコンクリートは，上記に示したとおり，部材に生じるひび割れを計画的に制御できるが，構造物を設計するうえでは，下記に示す考え方の区分がある．

Ⅰ．コンクリートに引張応力度を生じさせないようなプレストレスを与える．

Ⅱ．コンクリートに引張応力度を生じさせてもよいが，ひび割れを発生させないようなプレストレスを与える．

Ⅲ．コンクリートにひび割れを発生させてもよいが，ひび割れ幅を制限することにより耐久性を確保できるようなプレストレスを与える．

Ⅰの区分を適用する場合は，部材に最も大きなプレストレスを導入することになり，荷重に対する部材の強度面での安全性は有利に

なる．しかし，部材に持続的にプレストレスを作用させると時間の経過とともに変形が増大するクリープ現象の影響が大きくなる．

Ⅲの区分を適用する場合は，部材に最も小さいプレストレスを導入することになり，PC鋼材の使用量を節約できるため，経済性は有利になる．しかし，部材にひび割れが生じるため，水分の浸透などによる鉄筋，またはPC鋼材の腐食防止対策を講じる必要があり，構造物の耐久性確保が重要となる．

Ⅱの区分を適用する場合は，Ⅰ，Ⅲのちょうど中間に相当する条件になるが，部材に生じる引張応力度とひび割れの関係について，十分な精査が必要になる．

プレストレストコンクリート構造物の設計では，要求される耐久性，安全性，使用性，復旧性を勘案し，最適な条件を設定し，総合的な評価によりプレストレスの使用量を定めていく必要がある．最近では，**表-1.1.1**の考え方により，適切なプレストレスが求められている．

表-1.1.1　プレストレスの区分と構造物への適用例[2] を参考に作成

構造物の種類	要求事項	区分
液体貯蔵容器，水工構造物	高い水密性の確保	Ⅰ
道路橋（主桁，床版）	持続的に作用する荷重に対するひび割れ防止	Ⅰ
鉄道橋（主桁）	クリープ現象による部材のそり上がり防止	Ⅱ
プレキャストセグメント橋	セグメント継目部の目開き防止	Ⅰ

1.2. 構造上の特徴

(1)　プレストレストコンクリート構造物

　プレストレストコンクリート構造物は，PC鋼材を用いて，プレストレスが導入された鉄筋コンクリート構造物である．PC鋼材に緊張力を導入する作業を一般に緊張作業，またはプレストレッシングと称している．この緊張作業は，設計で得られた緊張力を対象構造物に確実に導入し，所要性能が発揮されるために非常に重要となる．そこで，緊張作業を確実に行うための技術的な管理（緊張管理）が必要となる．

(2)　緊張作業 (プレストレッシング)

　緊張作業，またはプレストレッシングとは，構造物内部を貫通するPC鋼材の端部に緊張ジャッキを取付け，PC鋼材に緊張力を与えて定着具により固定し，コンクリート部材にプレストレスを与える一連の作業をいう．緊張力を与えられたPC鋼材は，定着具により構造物に固定されるため，その反力が構造物に伝達されてプレストレス力が導入される．緊張作業の概要を**図-1.2.1**に示す．

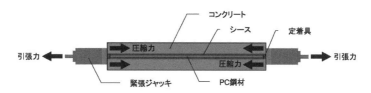

① PC鋼材を緊張ジャッキで引張り，所定の緊張力に達した後，定着具にてPC鋼材を固定(定着)することで，コンクリートに圧縮力を導入することができる．
② 緊張定着完了後，PC鋼材とシースの隙間にPCグラウトと称する充填材を注入し，PC鋼材の防錆処理を行う．

図 - 1.2.1　緊張作業の概要

⑶　プレストレスの作用

　構造物の設計で多用される単純ばりでは，自重などの死荷重，車両などの活荷重により，部材軸直角方向の断面に力が生じる．一般に，設計で必要とされる断面を設計断面，設計断面に生じる力を断面力と称している．断面力には，曲げモーメント，軸力，せん断力，ねじりモーメントなどがあり，単位面積当たりの力に換算すると応力度が算出される．所要プレストレスを算定するにあたり，着目すべき断面力は，曲げモーメントと軸力となるが，単純はりでは，上述した荷重などの作用によって軸力は生じないため，曲げモーメントのみにより，部材に応力度が生じることになる．

　荷重の作用により，はりの中央断面に生じる曲げ応力度の分布を**図-1.2.2**に示す．

　これによれば，はりの上縁側に圧縮応力度，下縁側に引張応力度が生じる．すなわち，コンクリートは引張力に弱い材料であるため，部材下縁側に引張応力に伴うコンクリートのひび割れが生じる．これに対し，構造物の内部に配置したPC鋼材を緊張し，プレストレス力を導入した状態での応力度分布を**図-1.2.3**に示す．長方形断面に配置したPC鋼材を緊張することで，部材にプレストレスを導入した場合，PC鋼材の緊張力に伴う軸力とPC鋼材を長方形断面の図心から，高さ方向にずらして配置することによる偏心力（偏心モーメント）によって，部材軸方向に応力度が生じる．以上により，荷重の作用により生じる応力度とプレストレスの導入により生じる応力度を足合わせた際の合成応力度の分布は，**図-1.2.4**に示すとおりとなる．

14

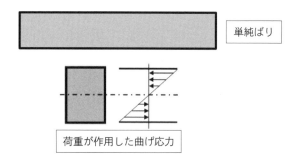

図-1.2.2 単純ばりの荷重による曲げ応力度分布 [3]

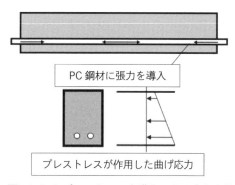

図-1.2.3 プレストレス力導入による応力度分布 [3] を編集

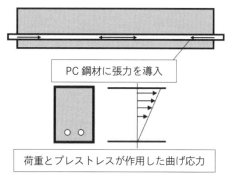

図-1.2.4 単純ばりにおける合成応力度の分布 [3] を編集

所要プレストレスは，この合成応力度の分布状態が設計で必要とされる制限の範囲内であるように調整して算定する．実際の設計では，PC鋼材の本数（緊張力），部材の断面内に配置する位置（偏心モーメント）を勘案して，経済的なプレストレスが得られるよう配慮することになる．よって，荷重の作用により，部材上縁側に生じる合成応力度（圧縮側）より，部材下縁側に生じる合成応力度（引張側）が制限値（許容応力度）に対して最も余裕がない断面を設計断面の対象とし，プレストレスを算定する．

1.3. プレストレスの方式

　鉄筋コンクリート部材にプレストレスを導入する方法では，プレテンション方式とポストテンション方式がある．これらは，プレストレスを導入する時期が異なり，使用するPC鋼材の種類，PC鋼材の定着工法，適用できる構造物などに大きな違いがある．したがって，設計の段階では，材料調達の可否も含めた種々条件を勘案し，最適な方法を選択する必要がある．

(1)　プレテンション方式

　プレテンション方式は，部材のコンクリートを打設する前に，あらかじめPC鋼材を緊張しておく方法である．この方式は，鉄道のコンクリート枕木などのような工場製品に適用されたのを皮切りに，品質向上，標準化，大量生産を実現するなど，PC製品の普及に大きく貢献した．

　本方式は，製品の長さに応じて配置された反力設備（反力台）の間に比較的細径のPC鋼より線を多数配置し，その反力台の間に鋼製型枠を必要な数だけ設置して，同一形状の断面を有する部材を同

時に製造するものである.

　プレストレスは，あらかじめ所定の緊張力が与えられたPC鋼材と鋼製型枠内部に打設されたコンクリートの硬化とともに生じる付着力によって得られる.　本方式が導入された当初は，鉄道の枕木などに直径2.9 mmのPC鋼線を直線的に配置し，製造する方法が採用された.　近年は，技術開発の進展に伴い，大型部材への適用が可能となり，直径12.7 mm，15.2 mmといった太径のPC鋼より線も使用されるようになった.　また，PC鋼材を曲上げるように配置，付着力を制御して合理的なプレストレスが導入されるような配置なども多く利用されるようになっている.

　工場製作のプレテンション方式による橋桁は，公道運搬に適するよう長さが25 m，重量が30 t程度に制限されているため，比較的小規模の橋梁に採用されることが多い.　最近では，工場の規模にもよるが，最大で8,000 kN程度のプレストレスを導入できる設備が実用化されており，特殊な橋梁の主桁，床版などの製作に利用されている.

　プレテンション方式の特徴を以下に列記する.

① PC鋼材の配置精度が確保でき，所定のかぶり寸法も得られやすいため，製品自体の品質，耐久性が向上する.

② 工場による製作管理が行き届くほか，製作設備も堅牢で維持管理が徹底されるため，大量生産によっても，製品の均質化が図りやすい.

③ PC鋼材と硬化したコンクリートとの間に隙間が生じないため，PC鋼材自体の耐久性が確保できる.

④ 製品の違いによって，定着具が大きく変わることはない.

⑤　反力台などの設備が重厚となりがちなため，経済性の観点からも工事現場での適用は難しい．製品は，工場からの運搬が必要になるため，部材が運搬できない大きさにしか分割できない場合は，適用できない．

図-1.3.1にプレテンション方式の概要を示す．

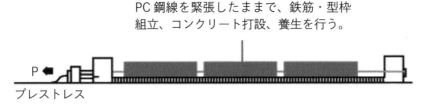

PC鋼線を緊張したままで、鉄筋・型枠
組立、コンクリート打設、養生を行う。

P

プレストレス

脱型後、PC鋼線を切断して製品化する。

図-1.3.1　プレテンション方式の概要[4) を編集]

(2)　ポストテンション方式

　ポストテンション方式は，部材内部にホース状の材料（シース）を配置して空洞を設けておき，型枠内部に打設したコンクリートが硬化した後，シース内部に挿入したPC鋼材を油圧ジャッキで緊張して定着具で固定し，プレストレスを導入する方法である．コンクリート打設中にシースがつぶれないように，あらかじめPC鋼材を挿入しておくこともある．

　この方式は，工事現場で製作される橋桁の軸方向にプレストレスを導入する場合（縦締め），橋桁架設後の複数となる主桁どうしを連結するためにプレストレスを導入する場合（横締め）などに多く

利用されてきた．近年，PC鋼材配置のための本数や形状に制約がないことから，PC鋼材の定着工法，橋梁の架設工法などの技術進展に伴い，種別を問わず大規模な構造物への適用が可能となった．

　本方式は，橋梁などに見られるような架設地点でプレストレスを導入する場合に適しており，緊張したPC鋼材をコンクリート部材に固定する定着工法が多く開発されている．緊張作業が完了すると，シース内面とPC鋼材表面の間に隙間が生じているため，シース内部にセメント系充填材（PCグラウト）を注入する．PCグラウトは，PC鋼材の防錆と硬化したコンクリートとの付着力を確保するために必要となる．近年，PCグラウトを省略することを目的とし，シース付きPC鋼材で内部充填材が硬化するプレグラウトPC鋼材や，主桁外部に配置するため，ポリエチレン，エポキシ樹脂などで被覆されたアンボンドPC鋼材も多用されるようになった．

　ポストテンション方式の特徴を以下に列記する．
- ①　PC鋼材の定着工法を選択する必要がある．
- ②　PC鋼材の種類，定着工法により，使用する緊張機器が異なる．
- ③　PC鋼材の本数や配置を任意に設定できるため，大規模構造物への適用性が高い．
- ④　橋梁の架設地点における施工など，段階的な緊張作業が可能となるため，施工ステップに応じたプレストレスの導入に適している．

　図-1.3.2にポストテンション方式の概要を示す．

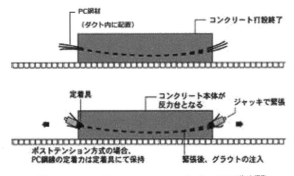

図-1.3.2 ポストテンション方式の概要[4] を編集

1.4. 構造物への適用例

　プレストレストコンクリートの構造物の適用としては，橋梁分野が最も普及している．以下にその適用例を示す．

(1) プレキャスト桁を用いた橋梁

　工場や現場の架設地点近くのヤードで製作される主桁を用いる橋梁である．プレテンション方式やポストテンション方式で製作した主桁を直接架設する方法，運搬可能な大きさに分割した主桁セグメントを架設地点でポストテンション方式により一体化して架設する方法などがある．**写真-1.4.1**，**写真-1.4.2**にプレキャストPC桁橋の適用例を示す．

写真-1.4.1　プレテンション桁橋[5]

写真-1.4.2　ポストテンション桁橋[6]

(2)　場所打ちコンクリートを用いた橋梁

　現地が山岳地，市街地，河川交差，道路交差などの条件がある場合，架設地点で型枠を搭載した作業台車を使用し，直接，主桁コンクリートの打設を繰り返しながら，架設する方法である．**写真-1.4.3**にPC連続桁橋，**写真-1.4.4**にPCラーメン橋の適用例を示す．

写真-1.4.3　PC連続桁橋[7]

写真-1.4.4　PCラーメン橋[8]

(3)　長い支間となる条件に適した橋梁

　支間が長くなる場合は，単純桁，連続桁などでは限界があるため，主桁を支持する部材を併用した構造が用いられる．これには，主桁の支持方法により，アーチ橋，斜張橋，エクストラドーズド橋，吊床版橋などに区分されている．**写真-1.4.5**にPC斜張橋，**写真-1.4.6**にPCエクストラドーズド橋の適用例を示す．

写真-1.4.5　PC斜張橋[9]

写真-1.4.6　PCエクストラドーズド橋[10]

2. 使用材料

2.1. PC鋼材とシース

(1) PC鋼材

　JIS G 3536（PC鋼線およびPC鋼より線），JIS G 3109（PC鋼棒），JIS G 3137（細径PC異形棒鋼）に品質が規定されており，適合するPC鋼材を使用する．JISでは，PC鋼材の種類，機械的性質，および寸法を規定しているが，通常品よりリラクセーション率の小さい低リラクセーション品も含まれる．PC鋼材に要求される特性は，(ア) 引張強さ，耐力，弾性限界，降伏点が高い，(イ) 破断時の伸びが大きい，(ウ) リラクセーションが低く，靭性が高い，(エ) コンクリートとの付着性が良く，鋼材表面に錆などがない，などがある．また，PC鋼材のヤング係数は，$2.0 \times 10^5 \mathrm{N/mm^2}$，ポアソン比は0.3，熱膨張係数は，$10 \times 10^{-6}/\mathrm{℃}$とされている．また，ひずみ一定のもとで起こるPC鋼材の引張応力度の減少量を最初に与えた引張応力度に対する百分率で表した値をPC鋼材のリラクセーション率といい，一般に，プレストレスの減少量に用いるPC鋼材の見掛けのリラクセーション率γは，PC鋼線およびPC鋼より線の通常品で5%，低リラクセーション品で1.5%とし，PC鋼棒は3%としている．**図-2.1.1**に鋼材の応力とひずみ曲線の関係を示す．**表-2.1.1**にPC鋼線，PC鋼より線，**表-2.1.2**にPC鋼棒に関する規格を示す．

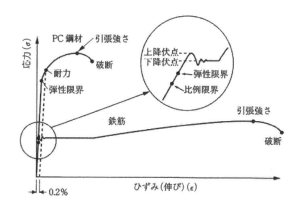

図 - 2.1.1　鋼材の応力－ひずみ曲線[11]

(2)　特殊なPC鋼材

　内部充填型エポキシ樹脂被覆PC鋼より線は，PC鋼より線の表面をエポキシ樹脂で被覆し，素線間の隙間を充填したもので，ECFストランド（Epoxy Coated and Filled Strand）と称する．強靭できわめて防食性に優れるエポキシ樹脂で鋼材を被覆することで，高い防食性能を有するPC鋼材となる．コンクリートとの付着を期待しない標準型と鋼材の表面に珪砂などを埋め込んだ付着型があり，用途に応じて使い分ける．標準型には，エポキシ樹脂の紫外線劣化防止，防食性の向上を目的とし，さらに外側にポリエチレン（PE）を被覆したPE被覆型ECFストランドも製品化されている．

　写真-2.1.1に標準型ECFストランドの断面を示す．

　プレグラウトPC鋼材は，PC鋼材にエポキシ樹脂を塗布し，表面が凹凸状のPEシースで被覆した製品である．緊張定着時は，エポキシ樹脂が未硬化状態でアンボンド仕様，その後は，時間の経過とともに，樹脂が硬化し，コンクリートと一体化する機能を有する．

表 - 2.1.1　PC鋼線およびPC鋼より線の種類，機械的性質，寸法

記　号	呼び名	0.2%永久伸びに対する試験力 (kN)	最大試験力 (kN)	伸び (%)	リラクセーション値 (%) N	L
SWPR1AN SWPR1AL SWPD1N SWPD1L	2.9mm	11.3以上	12.7以上	3.5以上	8.0以下	2.5以下
	4mm	18.6以上	21.1以上			
	5mm	27.9以上	31.9以上	4.0以上		
	6mm	38.7以上	44.1以上			
	7mm	51.0以上	58.3以上	4.5以上		
	8mm	64.2以上	74.0以上			
	9mm	78.0以上	90.2以上			
SWPR1BN SWPR1BL	5mm	29.9以上	33.8以上	4.0以上		
	7mm	54.9以上	62.3以上	4.5以上		
	8mm	69.1以上	78.9以上			
SWPR2N SWPR2L	2.9mm 2本より	22.6以上	25.5以上	3.5以上		
SWPD3N SWPD3L	2.9mm 3本より	33.8以上	38.2以上	3.5以上		
SWPR7AN SWPR7AL	7本より 9.3mm	75.5以上	88.8以上	3.5以上	8.0以下	2.5以下
	7本より 10.8mm	102以上	120以上			
	7本より 12.4mm	136以上	160以上			
	7本より 15.2mm	204以上	240以上			
SWPR7BN SWPR7BL	7本より 9.5mm	86.8以上	102以上			
	7本より 11.1mm	118以上	138以上			
	7本より 12.7mm	156以上	183以上			
	7本より 15.2mm	222以上	261以上			
SWPR19N SWPR19L	19本より 17.8mm	330以上	387以上			
	19本より 19.3mm	387以上	451以上			
	19本より 20.3mm	422以上	495以上			
	19本より 21.8mm	495以上	573以上			
	19本より 28.6mm	807以上	949以上			

（出典：日本産業規格 JIS G 3536）

表 - 2.1.2　PC鋼棒の種類，機械的性質，寸法

種類			記号	耐力[1] (N/mm²)	引張強さ (N/mm²)	伸び (%)	リラクセーション値 (%)
丸鋼	A種	2号	SBPR 785/1030	785以上	1030以上	5以上	4.0以下
	B種	1号	SBPR 930/1080	930以上	1080以上		
		2号	SBPR 930/1180	930以上	1180以上		
	C種	1号	SBPR 1080/1230	1080以上	1230以上		
異形棒鋼	A種	2号	SBPD 785/1030	785以上	1030以上		
	B種	1号	SBPD 930/1080	930以上	1080以上		
		2号	SBPD 930/1180	930以上	1180以上		
	C種	1号	SBPD 1080/1230	1080以上	1230以上		

1) 耐力とは，0.2%永久伸びに対する応力をいう．
（出典：日本産業規格 JIS G 3109）

　また，エポキシ樹脂とPEシースの併用で2重の防食性能が得られ，PCグラウトも不要になる．現在では，PEシースを透過する極微量の水分を利用してエポキシ樹脂を硬化させる湿気硬化型樹脂タイプが広く利用される．**写真-2.1.2**にプレグラウトPC鋼材の断面を示す．

　高強度PC鋼材は，JISに規定されている通常のPC鋼材と比較して，引張強度が10~20%高い製品である．通常のPC鋼材より，所要の緊張力を得るためのPC鋼材本数を減ずることができ，定着箇所数，部材厚さの低減が可能となるため，PC構造物全体で使用材料を低減でき，経済性が発揮できる．ただし，専用の定着具，接続具が必要となる．

写真-2.1.1　標準型ECFストランドの断面[12]

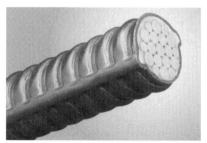

写真-2.1.2　プレグラウトPC鋼材の断面[12]

(3)　シース

　ポストテンション方式のPC構造物内部にPC鋼材を収納するためのダクトとして，シースが使用される．材質は，鋼製シース，プラスチック製シースに大別されるが，近年，国内ではプラスチック製シースのうち，ポリエチレン製シース（PEシース）が広く使用されている．PEシースは，以下の特長がある．

① 軽い，錆びない，腐らない．
② 耐水性や防食性に優れ，腐食促進物質の遮蔽効果が期待できる．
③ 剛性が高いため，衝撃に強く，長期的な耐久性に優れる．

　また，PEシースの表面には波付けが施されており，変形に対する抵抗性，コンクリートやPCグラウトとの付着性が向上する．実際のPC構造物への使用にあたって，PEシースに要求される性能では，

① コンクリートやPCグラウトとの一体化性能がある．
② 等圧外力および局部外力などの抵抗性を示す．
③ 可とう性，曲げ特性，すり減り特性を有する．

などが必要とされ，土木学会規準(JSCE E704〜710)，および
プレストレストコンクリート工学会が定める性能確認試験
(JPCI-A 001〜004-2015) により確認することが求められている．**写
真-2.1.3**にシースの形状を示す．

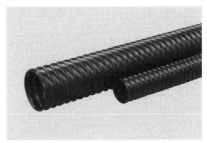

写真 - 2.1.3　シースの形状[13]

2.2．定着具と接続具

コンクリート構造物にプレストレスを導入する場合は，前述の
PC鋼材を緊張し，構造物に固定するための定着具やPC鋼材を延
長するための接続具が必要になる．これらの器具は，定着工法と称
して，その機構に種々の特徴があり，構造物の種類，形状および寸
法，必要なプレストレス力，ならびに施工方法を考慮して，最適な
ものが選定される．現在，ポストテンション方式で用いられる定着
工法は24種類あり，くさび式，ボタン式，ねじ式，ループ式，合
金式などに分類される．これらの定着工法，方式の主なものとして
は，VSL工法，アンダーソン工法が，一般ケーブル，斜長ケーブ
ル，外ケーブル，シングルストランド，アンボンドケーブルに適
用できる．FKK工法もアンボンドケーブルを除いては，同様であ
る．また，SM工法は，シングルストランド，アンボンドケーブル
に特化している．さらに，ディビダーク工法は，一般ケーブル，斜

長ケーブル，外ケーブルのほか，PC鋼棒にも適用できる工法である[2]．**図-2.2.1**に定着工法の種類を示す．定着具と接続具は，所要のプレストレス力に対して十分な強度，剛性を有するものでなければならない．その性能は，土木学会規準JSCE-E 503（PC工法の定着具および接続具の性能試験方法（案））に基づいて確認する．その試験結果は，定着具をコンクリートと組み合わせた試験では，定着体は緊張材の規格引張荷重の100％以上に耐える，定着具および接続具を緊張材と組み合わせた試験では，付着のない状態での静的引張試験で定着具の定着効率および接続具の接続効率は，緊張材の規格引張荷重の95％以上とする，などの規定値を満足する必要がある．

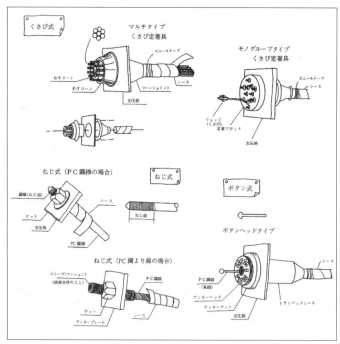

図-2.2.1　定着工法の種類[14]

2.3．PCグラウト

PCグラウトは，ポストテンション方式によってコンクリート構造物にプレストレスを導入する場合，PC鋼材緊張後，PC鋼材外面とシース内面との隙間を充填する材料である．PCグラウトは，セメント，水，混和剤を練混ぜて生成されるが，注入から硬化して長期間に至るまでに要求される性能を以下に示す．

① 　PC鋼材を腐食から保護する性能

② 　PCグラウトに内在する腐食性物質の抑制（塩化物イオン量の制限）

③ 　有害となる残留空気の排除

④ 　コンクリート部材とPC鋼材の一体化性能

⑤ 　PCグラウトの強度確保（圧縮強度の照査）

PCグラウトの練混ぜに用いる材料については，以下の規定に準じる．

セメントは，JIS R 5210（ポルトランドセメント）に適合したものを使用する．練混ぜ水は，上水道水を標準とし，上水道水以外の水を使用する場合は，JIA A 5308（レディーミクストコンクリート；付属書C）に規定される品質に適合する水を使用する．混和剤は，PCグラウトの体積変化がほとんどなく，ブリージング水の発生を抑制できる「ノンブリージング型」を使用する．

定着具や緊張ジャッキを取り付けるためにコンクリート表面に設けた切欠きなどの跡埋めに使用する材料は，構造物本体と同等のコンクリートを使用する．特に，定着具は，コンクリート構造物表面から切欠きを設けた深い位置にあり，定着具のかぶり確保のため，

この切欠きは，PCグラウト注入後に適切な材料で跡埋めする必要がある．グラウトホースが残置される場合のグラウトホースの跡埋め材としては，断面修復用モルタルを使用する．切欠きに水分を包含した劣化因子が作用する場合にあっては，跡埋め材に防水材を添加するなどの対策が必要になる．さらに，跡埋めしたコンクリート表面をエポキシ樹脂などで被膜し，防水効果を向上させることも有効である．

また，PCグラウトを注入する際，注入口や排出口に装着する器具には，グラウトホースとグラウトキャップがある．

グラウトホースは，通常，PCグラウトの注入口，排出口に取り付けられる．材質は，ポリ塩化ビニル製で補強繊維にポリエステル繊維を使用しているものが普及している．テトロンブレードホース（半透明）は，内部のPCグラウトの状態が確認できる．グラウトホースに要求される性能は，注入圧が高圧にならないよう適当な径を有し，容易に角折れしにくく，コンクリート打設時の衝撃やPCグラウトの注入圧に耐える十分な強度が必要となる．

グラウトキャップは，通常，定着具を被覆するように取り付けられ，PCグラウトが定着具の隙間から噴出するのを防止する．近年，グラウトホースの装着を容易にした製品が普及している．グラウトキャップに要求される性能としては，空気が残留しない構造で，PCグラウトの注入・排気が確実にでき，注入圧力に耐え，定着具と一体化して気密性を保持できるものなどがあげられる．**写真-2.3.1**にグラウトホース，**写真-2.3.2**にグラウトキャップの例を示す．

写真-2.3.1　グラウトホース¹⁵⁾

写真-2.3.2　グラウトキャップ¹⁶⁾

3. 設計手法

3.1. 設計の基本

(1)　設計法の種類

　現在，日本国内におけるコンクリート構造物の設計では，許容応力度設計法と限界状態設計法の2種類が広く用いられている．許容応力度設計法は，性能規定型の技術基準が，限界状態設計法は，性能照査型の技術基準が取入れられたものである．

(2)　許容応力度設計法

　構造物に通常の使用状態によって発生する最大荷重（設計荷重）により，コンクリート，鉄筋，PC鋼材など，各材料に生じる応力度が材料の強度を所定の安全率で除して求めた許容応力度以下であることを確認し，安全性の照査を行う設計手法である．通常は，材料を弾性体と仮定しており，簡単で広く理解しやすいことから，長い年月にわたり適用されてきた手法である．しかしながら，荷重，材料強度，構造解析，構造物条件などに対するばらつきを考慮できない，破壊に対する安全性は直接検討できない，などで不利となる．

(3)　限界状態設計法

　構造物がその状態に達すると，使用できなくなったり，破壊したりする限界状態に対して，安全性の照査を行う設計手法である．この手法は，断面破壊や疲労破壊の検討が合理的に行える利点がある．荷重のばらつきや材料強度のばらつきなどは，安全係数によって考慮するが，適切な設定が重要になる．

3.2.　部材の照査方法

(1)　照査の方法

　近年は，種々構造物の設計手法において，性能照査を主体とした限界状態設計法への移行が顕著になってきている．よって，本編では，限界状態における部材の照査方法を中心に述べる．照査方法は，材料および作用の特性値ならびに安全係数を用い，部材の応答値および限界値を算定したうえで，次式のとおりとする．

$$\gamma_i \cdot S_d / R_d \leq 1.0 \qquad (3.2.1)$$

$$
\begin{array}{lll}
\text{ここに，} & S_d & : \quad \text{設計応答値} \\
& R_d & : \quad \text{設計限界値} \\
& \gamma_i & : \quad \text{構造物係数}
\end{array}
$$

(2)　安全係数

　表-3.2.1に一般的に用いられる安全係数の値を示す．

(3)　応答値の算定

(ア)　曲げモーメントおよび軸方向力による材料の設計応力度

　　設計応力度算定の仮定を以下に示す．

① 維ひずみは，部材断面の中立軸からの距離に比例する．

② コンクリートおよび鋼材は，一般に弾性体とする．

③ PC構造の場合，コンクリートは全断面を有効とする．

④ PRC構造の場合，コンクリートの引張応力度は，一般に無視する．

⑤ コンクリートおよび鋼材のヤング係数は，それぞれ適用する規準に準じる．

⑥ 付着がある鋼材のひずみ増加量は，同位置のコンクリートのそれと同一とする．

⑦ 部材軸方向のダクトは，有効断面とみなさない．

⑧ 鋼材とコンクリートが一体化した後の断面定数は，鋼材とコンクリートのヤング係数比を考慮して定める．

表-3.2.1　安全係数の値（線形解析を用いる場合）[17]

安全係数 要求性能 （限界状態）	材料係数 γ_m		部材係数 γ_b	構造解析 係数 γ_a	作用係数 γ_f	構造物 係数 γ_i
	コンクリート γ_c	鋼材 γ_s				
安全性 （断面破壊）	1.3	1.0または 1.05	1.1～1.3	1.0	1.0～1.2	1.0～1.2
安全性 （疲労破壊）	1.3	1.05	1.0～1.3	1.0	1.0	1.0～1.1
使用性	1.0	1.0	1.0	1.0	1.0	1.0

　PC構造の曲げモーメントおよび軸方向力による設計応力度は，コンクリートの全断面有効の弾性理論による方法で算定する．PRC

構造では，曲げひび割れ発生前は，PC鋼材には引張応力度が，鉄筋には圧縮応力度が作用し，ひび割れ発生後は，PC鋼材の偏心軸力が外力として作用する．よって，PC鋼材と鉄筋で補強された鉄筋コンクリートの設計応力度を文献18) に示される下記手順 i)～iv) により算定する．**図-3.2.1**にPRC構造の曲げ応力分布を示す．

i) 中立軸の算定

$$\frac{M+N(d_p-d_N)+P'_1(d'_s-d_p)+P_1(d_p-d_s)}{N-P'_1+P_0+P_1}$$

$$=\frac{I_{cx}+n_s\cdot I'_{sx}+n_p\cdot I_{px}+n_s\cdot I_{sx}}{Q_{cx}+n_s\cdot Q'_{sx}-n_p\cdot Q_{px}-n_s\cdot Q_{sx}}+(d_p-x)$$

$$(3.2.2)$$

ここに，x ： 圧縮縁から中立軸までの距離

d'_s, d_p, d_s ： 圧縮縁から圧縮鉄筋図心位置，PC鋼材図心位置，引張鉄筋図心位置までの距離

M ： 作用曲げモーメント

N ： 作用軸方向力

d_N ： 圧縮縁から軸方向力が作用する位置までの距離

P_0 ： PC鋼材図心位置のコンクリート応力度が0となる状態でのPC鋼材緊張力

P'_1, P_1 ： 圧縮鉄筋図心位置および引張鉄筋図心位置のコンクリート応力度がそれぞれ0となる状態での圧縮鉄筋反力および引張鉄筋反力

Q_{cx}, I_{cx} ： 中立軸に関する圧縮側コンクリートの断面一次モーメントおよび断面二次モーメント

Q'_{sx}, I'_{sx} ： 中立軸に関する圧縮鉄筋の断面一次モーメントおよび断面二次モーメント

Q_{px}, I_{px} ： 中立軸に関するPC鋼材の断面一次モーメントおよび断面二次モーメント

Q_{sx}, I_{sx} : 中立軸に関する引張鉄筋の断面一次モーメントおよび断面二次モーメント

n_s : 鉄筋のコンクリートに対するヤング係数比　$n_s = E_s / E_c$

n_p : PC鋼材のコンクリートに対するヤング係数比　$n_p = E_p / E_c$

$$P'_1 = A'_s \cdot \sigma'_{s0} = A'_s \left(\Delta\sigma'_{scs} + n_s \cdot \sigma'_{cds} \right)$$
$$P_0 = A_p \cdot \sigma_{p0} = A_p \left(\sigma_{pd} + n_p \cdot \sigma_{cdp} \right)$$
$$P_1 = A_s \cdot \sigma_{s0} = A_s \left(\Delta\sigma_{scs} + n_s \cdot \sigma_{cds} \right)$$

$$(3.2.3)$$

ここに，A'_s, A_p, A_s : 圧縮鉄筋，PC鋼材，引張鉄筋の断面積

$\sigma'_{s0}, \sigma_{p0}, \sigma_{s0}$: プレストレスのあらゆる損失が終了し，永続作用が作用している状態での圧縮鉄筋，PC鋼材，引張鉄筋の応力度

$\Delta\sigma'_{scs}, \Delta\sigma_{scs}$: コンクリートのクリープおよび収縮による圧縮鉄筋および引張鉄筋の応力度の変動量

σ_{pd} : PC鋼材のリラクセーション，コンクリートのクリープおよび収縮および鉄筋拘束の影響を考慮した永続作用が作用している状態でのPC鋼材応力度

$\sigma'_{cds}, \sigma_{cdp}, \sigma_{cds}$: 永続作用による圧縮鉄筋図心位置，PC鋼材図心位置，引張鉄筋図心位置のコンクリート応力度

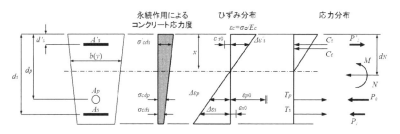

図 - 3.2.1　PRC構造の曲げ応力分布[17]

ii) 圧縮鉄筋，PC鋼材および引張鉄筋の反力

xを式（3.2.4）に代入し，コンクリートの応力度 σ_c を算定する．

$$\sigma_c = \frac{(N-P'_1+P_0+P_1) \cdot x}{Q_{cx}+n_s \cdot Q'_{sx}-n_p \cdot Q_{px}-n_s \cdot Q_{sx}}$$

(3.2.4)

iii) 鉄筋の応力度変動量

鉄筋図心位置のコンクリートの応力度が0の状態にて，圧縮鉄筋の応力度の変動量 $\Delta\sigma'_s$ および引張鉄筋の応力度の変動量 $\Delta\sigma_s$ は，それぞれ式（3.2.5），式（3.2.6）となる．

$$\Delta\sigma'_s = n_s \cdot \sigma_c \cdot \frac{x-d'_s}{x}$$

(3.2.5)

$$\Delta\sigma_s = n_s \cdot \sigma_c \cdot \frac{d_s-x}{x}$$

(3.2.6)

iv) PC鋼材の引張応力度変動量

PC鋼材図心位置のコンクリート応力度が0の状態にて，PC鋼材の引張応力度の変動量 $\Delta\sigma_p$ は，式（3.2.7）となる．

$$\Delta\sigma_p = n_p \cdot \sigma_c \cdot \frac{d_p-x}{x}$$

(3.2.7)

アンボンドPC鋼材のひずみの増加量を算定する場合は，平面保持の仮定が適用できないため，プレストレス力による偏心軸力が作用するPCまたはPRC構造として算定する．

⑷　せん断力およびねじりモーメントによる材料の設計応力度

せん断力およびねじりモーメントによるコンクリートの設計斜め引張応力度は，コンクリートの全断面を有効として，文献18）に示される次式により算定する.

$$\sigma_1 = \frac{(\sigma_x + \sigma_y)}{2} + \sqrt{\frac{1}{2}(\sigma_x - \sigma_y)^2 + 4\tau^2}$$

(3.2.8)

ここに，　σ_1　：　コンクリートの設計斜め引張応力度
　　　　　σ_x　：　垂直応力度
　　　　　σ_y　：　σ_xに直交する応力度
　　　　　τ　：　せん断力とねじりモーメントによるせん断応力度

せん断力によるせん断応力度は，次式により算定する.

$$\tau = \frac{(V_d \cdot Q)}{b_w \cdot I}$$

(3.2.9)

ここに，　τ　：　せん断力によるせん断応力度

　　　　　V_d　：　設計せん断力
　　　　　　　　　（荷重によるせん断力から緊張材の引張力の鉛直成分を差引いた値）

　　　　　Q　：　せん断応力度を算定する位置より外側部分の，部材断面の中立軸に関する断面一次モーメント

　　　　　b_w　：　断面腹部の幅

　　　　　I　：　部材断面の中立軸に関する断面二次モーメント

ねじりモーメントによるせん断応力度は，矩形断面の場合，式（3.2.10），式（3.2.11）により算定する. **図-3.2.2**の矩形断面の場合の幅と高さを示す.

$$\tau_{t1} = \frac{M_{td}}{k_1 \cdot b_2 \cdot h}$$

$$(3.2.10)$$

$$\tau_{t2} = k_2 \cdot \tau_{t1}$$

$$(3.2.11)$$

ここに，τ_{t1} ： 長辺に生じるせん断応力度

τ_{t2} ： 短辺に生じるせん断応力度

M_{td} ： 設計ねじりモーメント

b_2 ： 短辺の長さ

h ： 長辺の長さ

k_1, k_2 ： 表-3.2.2による

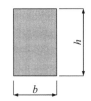

図-3.2.2 矩形断面の場合[17]

表-3.2.2　係数 k_1 および k_2[17]

h/b	1.0	1.2	1.5	2.0	2.5	3.0	4.0	5.0	7.0	10	20	∞
k_1	0.208	0.219	0.231	0.246	0.258	0.267	0.282	0.292	0.303	0.313	0.323	0.333
k_2	1.000	0.930	0.859	0.795	0.766	0.753	0.745	0.743	0.742	0.742	0.742	0.742

(ウ)　設計曲げひび割れ幅

曲げひび割れ幅の設計応答値は，文献18) に示される式（3.2.12）～式（3.2.14）により算定する．表-3.2.3に収縮およびクリープなどの影響によるひび割れ幅の増加を考慮する数値を示す．

$$w = 1.1 k_1 k_2 k_3 \{4c + 0.7 (c_s - \phi)\} \left[\frac{\sigma_{se}}{E_s} \left(\text{または} \frac{\sigma_{pe}}{E_p} \right) + \epsilon'_{csd} \right]$$

$$(3.2.12)$$

ここに, k_1 ： 鋼材の表面形状がひび割れ幅に及ぼす影響を表す係数で, 一般に, 異形鉄筋の場合には1.0, 普通丸鋼およびPC鋼材の場合に1.3とする.

k_2 ： コンクリートの品質がひび割れ幅に及ぼす影響を表す係数で, 次式による.

$$k_2 = \frac{15}{f'_c + 20} + 0.7 \tag{3.2.13}$$

f'_c ： コンクリートの圧縮強度(N/mm^2). 一般に, 設計圧縮強度 f'_{cd} を用いる.

k_3 ： 引張鋼材の段数の影響を表す係数で, 次式による.

$$k_3 = \frac{5(n+2)}{7n+8} \tag{3.2.14}$$

n ： 引張鋼材の段数

c ： かぶり （mm）

c_s ： 鋼材の中心間隔 （mm）

ϕ ： 鋼材径 （mm）

ε'_{csd} ： コンクリートの収縮およびクリープ係数によるひび割れ幅の増加を考慮するための数値で, 標準的な値として, **表3.2.3** に示す値とする.

σ_{se} ： 鋼材位置のコンクリートの応力度が0の状態からの鉄筋応力度の増加量(N/mm^2)

σ_{pe} ： 鋼材位置のコンクリートの応力度が0の状態からのPC鋼材応力度の増加量(N/mm^2)

表-3.2.3 収縮およびクリープ等の影響によるひび割れ幅の増加を考慮する数値[17]

環境条件	常時乾燥環境（雨水の影響を受けない桁下面等）	乾燥繰返し環境（桁上面, 海岸や川の水面に近く湿度が高い環境等）	常時湿潤環境（土中部材等）
自重でひび割れが発生（材齢30日を想定）する部材	450×10^{-6}	250×10^{-6}	100×10^{-6}
永続作用時にひび割れが発生（材齢100日を想定）する部材	350×10^{-6}	200×10^{-6}	100×10^{-6}
変動作用時にひび割れが発生（材齢200日を想定）する部材	300×10^{-6}	150×10^{-6}	100×10^{-6}

⑷ 安全性の照査

　曲げモーメントおよび曲げモーメントと軸方向力を受けるプレストレストコンクリートの設計曲げ耐力は，以下の①〜④の仮定にもとづき，文献18) に示される以下の手順により算定する.

① 維ひずみは，部材断面の中立軸からの距離に比例する.

② コンクリートの引張応力は無視する.

③ コンクリートの応力－ひずみ曲線は，**図-3.2.3**によることを原則とする.

④ 鋼材の応力－ひずみ曲線は**図-3.2.4**によることを原則とする.

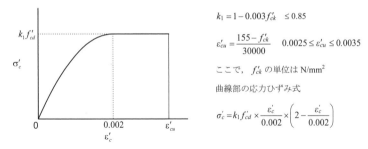

$$k_1 = 1 - 0.003 f'_{ck} \quad \leq 0.85$$

$$\varepsilon'_{cu} = \frac{155 - f'_{ck}}{30000} \quad 0.0025 \leq \varepsilon'_{cu} \leq 0.0035$$

ここで，f'_{ck} の単位は N/mm^2

曲線部の応力ひずみ式

$$\sigma'_c = k_1 f'_{cd} \times \frac{\varepsilon'_c}{0.002} \times \left(2 - \frac{\varepsilon'_c}{0.002}\right)$$

図-3.2.3　コンクリートの応力ひずみ曲線[17]

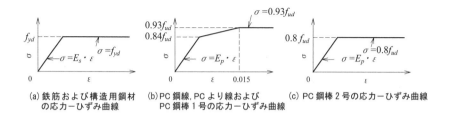

(a) 鉄筋および構造用鋼材
　の応力－ひずみ曲線

(b) PC鋼線, PCより線および
　PC鋼棒1号の応力－ひずみ曲線

(c) PC鋼棒2号の応力－ひずみ曲線

図-3.2.4　鋼材のモデル化された応力ひずみ曲線[17]

　付着のあるPC鋼材を用いた部材の曲げ耐力M_uは，式（3.2.15）～式（3.2.21）により算定する．

$$M_u = C'(d_N - \beta' \cdot x) + T'_{st}(d_N - d'_s) + T_p(d_p - d_N) + T_{st}(ds - d_N)$$

（3.2.15）

ここに，$\beta' \cdot x$ ；　コンクリートの圧縮応力度の合力の作用位置　（3.2.16）

$$= x - \frac{\int_0^x \sigma'_c(y) \cdot b(y) \cdot y \cdot dy}{C'}$$

　N'_d ；　設計軸方向圧縮力　　　　$= C' + T'_{st} - T_p - T_{st}$　　（3.2.17）

　C' ；　コンクリートの圧縮応力度の合力　　　　　　　　（3.2.18）

$$= \int_0^x \sigma'_c(y) \cdot b(y) \cdot dy$$

　T'_{st} ；　圧縮鉄筋の圧縮合力　　　　　　$= A'_s \cdot \sigma'_s$　（3.2.19）

　T_p ；　PC鋼材の引張合力　　　　　　　$= A_p \cdot \sigma_p$　（3.2.20）

　T_{st} ；　引張鉄筋の引張合力　　　　　　$= A_s \cdot \sigma_s$　（3.2.21）

　A'_s ；　圧縮鉄筋の断面積

　A_p ；　PC鋼材の断面積

　A_s ；　引張鉄筋の断面積

　なお，部材断面のひずみがすべて圧縮となる場合以外は，コンクリートの圧縮応力度の合力C'を**図-3.2.5**のとおり，等価応力ブロックの仮定に基づいて算定すると，C'を比較的簡単に求めることができる．長方形断面の部材［$b(y) = b$；断面幅が一定］で$f'_{ck} \leq 50\text{N/mm}^2$の場合，$\beta' \cdot x = \beta \cdot x/2 = 0.4 \cdot x$および$C' = 0.68f'_{ck} \cdot b \cdot x$となる．

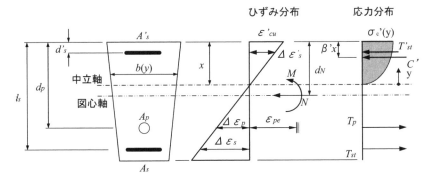

図-3.2.5 プレストレストコンクリート部材の曲げ耐力M_uの算定方法[17]

図-3.2.6にコンクリートの等価応力ブロックを示す.

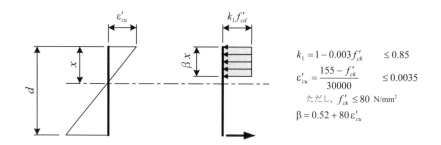

$$k_1 = 1 - 0.003 f'_{ck} \qquad \leq 0.85$$

$$\varepsilon'_{cu} = \frac{155 - f'_{ck}}{30000} \qquad \leq 0.0035$$

ただし, $f'_{ck} \leq 80$ N/mm²

$$\beta = 0.52 + 80 \varepsilon'_{cu}$$

図-3.2.6 等価応力ブロック[17]

　曲げモーメントおよび曲げモーメントと軸方向力を受けるプレストレストコンクリートにおいて, 付着のないPC鋼材を用いた部材の曲げ耐力は, 前述のとおり, 部材の設計曲げ耐力の仮定に基づいて算定する. 付着のないPC鋼材（アンボンドPC鋼材など）を用いた部材の曲げ耐力を算定する方法は, 文献18）に示される(ア)～(ウ)の方法がある.

㋐　変位によるPC鋼材の張力増加を見込んだ方法

　付着のないPC鋼材も引張材と考え，破壊状態における付着のないPC鋼材の引張応力度の増加量$\Delta\sigma_{ps}$を設定し，部材の設計曲げ耐力の算定方法を適用する．付着のないPC鋼材を用いた部材の曲げ耐力M_uは，次式により算定する．

$$M_u = C'(d_N - \beta' \cdot x) + T'_{st}(d_N - d'_s) + T_p(d_p - d_N) + T_{ps}(d_{ps} - d_N) + T_{st}(d_s - d_N)$$

(3.2.22)

　　　ここに，　N'_d　：　設計軸方向圧縮力　　　　$= C' + T'_{st} - T_p - T_{ps} - T_{st}$　　　(3.2.23)

　　　　　　　T_{ps}　：　付着のないPC鋼材の引張合力　　　　　　　　　　　　　　(3.2.24)
　　　　　　　　　　　　　　　　　$= A_{ps} \cdot \sigma_{ps} = A_{ps}(\sigma_{pse} + \Delta\sigma_{ps})$

　　　　　　　A_{ps}　：　付着のないPC鋼材の断面積

　　　　　　　A_s　：　引張鉄筋の断面積

　　　　　　　σ_{ps}　：　破壊状態における付着のないPC鋼材の引張応力度

　　　　　　　σ_{pse}　：　付着のないPC鋼材の有効プレストレスによる引張応力度

　　　　　　　$\Delta\sigma_{ps}$　：　破壊状態における付着のないPC鋼材の引張応力度の増加量

㋑　変位によるPC鋼材の張力増加を無視した方法

　破壊状態における付着のないPC鋼材の引張応力度の増加量を見込まない場合は，式（3.2.22）において，$\Delta\sigma_{ps} = 0$とし，付着のないPC鋼材を用いた部材の曲げ耐力を算定できる．図-3.2.7に付着のないPC鋼材を用いた部材の曲げ耐力M_uの算定方法を示す．

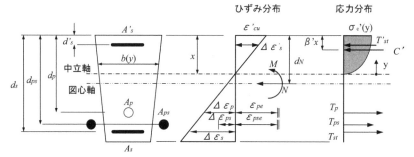

ひずみ分布　応力分布

図-3.2.7　付着のないPC鋼材を用いた部材の曲げ耐力 M_u の算定方法[17]

(ウ)　その他の方法

　簡便な方法としては，付着のないPC鋼材を用いる場合，付着の
ある場合と同様の方法で算出した曲げ耐力の70％を適用する方法，
およびプレストレスを外力として算定する方法などがある．

　次に，設計せん断耐力 V_{yd} は，文献18）に示される式（3.2.25）～
式（3.2.33）による方法で算定する．ただし，せん断補強鉄筋とし
て折曲げ鉄筋とスターラップを併用する場合は，せん断補強鉄筋が
受け持つべきせん断力の50％以上をスターラップで受け持たせる
ものとする．

$$V_{yd} = V_{cd} + V_{Sd} + V_{ped} \quad ただし，p_w \cdot f_{wyd}/f'_{cd} \leq 0.1 \quad とする． \tag{3.2.25}$$

ここに，V_{cd}　；せん断補強鋼材を用いない棒部材の設計せん断耐力

$$V_{cd} = \beta_d \cdot \beta_p \cdot \beta_n \cdot f_{vcd} \cdot b_w \cdot d / \gamma_b \tag{3.2.26}$$
$$f_{vcd} = 0.20 \sqrt[3]{f'_{cd}} \, (\mathrm{N/mm^2}) \quad ただし，f_{vcd} \leq 0.72 \, (\mathrm{N/mm^2}) \tag{3.2.27}$$
$$\beta_d = \sqrt[4]{1000/d} \, (d;\mathrm{mm}) \quad ただし，\beta_d > 1.5 となる場合は1.5とする．$$

$\beta_p = \sqrt[3]{100 p_v}$ 　　ただし，$\beta_p > 1.5$ となる場合は1.5とする.

$\beta_n = \sqrt{1 + \sigma_{cg}/f_{vtd}}$ ただし，$\beta_n > 2$ となる場合は2とする.

b_w ; 腹部の幅 （mm）

d ; 有効高さ （mm）

$p_v = A_s / (b_w \cdot d)$ $\hspace{5cm}$ (3.2.28)

A_s ; 引張鋼材の断面積 (mm^2)

f'_{cd} ; コンクリートの設計圧縮強度 $(\mathrm{N/mm}^2)$

$f_{vtd} = 0.23 f'^{2/3}_{cd}$ $(\mathrm{N/mm}^2)$ $\hspace{4cm}$ (3.2.29)

σ_{cg} ; 断面高さの1/2の高さにおける平均プレストレス $(\mathrm{N/mm}^2)$

γ_b ; 一般に1.3.

V_{Sd} ; せん断補強鋼材により受け持たれる設計せん断耐力

$V_{Sd} = [A_w f_{wyd} (\sin a_s \cot \theta + \cos a_s)/s_s + A_{pw} \sigma_{pw} (\sin a_{ps} \cot \theta + \cos a_{ps})/s_p] z / \gamma_b$
$\hspace{12cm}$ (3.2.30)

A_w ; 区間 ss におけるせん断補強鉄筋の総断面積 (mm^2)

A_{pw} ; 区間 sp におけるせん断補強用PC鋼材の総断面積 (mm^2)

σ_{pw} ; せん断補強鉄筋降伏時におけるせん断補強用PC鋼材の引張
応力度 $(\mathrm{N/mm}^2)$

$\hspace{1cm}$ $\sigma_{pw} = \sigma_{wpe} + f_{wyd} \leq f_{pyd}$ $\hspace{5cm}$ (3.2.31)

σ_{wpe} ; せん断補強用PC鋼材の有効引張応力度 $(\mathrm{N/mm}^2)$

f_{wyd} ; せん断補強鉄筋の設計降伏強度で，$25 f'_{cd} (\mathrm{N/mm}^2)$ と
$800 (\mathrm{N/mm}^2)$ のいずれか小さい値.

f_{pyd} ; せん断補強用PC鋼材の設計降伏強度 $(\mathrm{N/mm}^2)$

a_s ; せん断補強鉄筋が部材軸となす角度

a_{ps} ; せん断補強用PC鋼材が部材軸となす角度

θ ; コンクリートの圧縮ストラットの角度で，$\cot \theta = \beta_n$ として
算定する. ただし，$36° \leq \theta \leq 45°$ とする.

s_s ; せん断補強鉄筋の配置間隔 （mm）

s_p ; せん断補強用PC鋼材の配置間隔 （mm）

z ; 圧縮応力の合力の作用位置から引張鋼材図心までの距離で一
般に $d/1.15$.

$p_w = A_w/(b_w \cdot s_s) + (A_{pw} \cdot \sigma_{pw}/f_{wyd})/(b_w \cdot s_p)$ $\hspace{3cm}$ (3.2.32)

γ_b ; 一般に1.1.

V_{ped} ； 軸方向PC鋼材の有効引張力のせん断力に平行な成分

$$V_{ped} = P_{ed} \cdot \sin a_{pl} / \gamma_b \tag{3.2.33}$$

P_{ed} ； 軸方向PC鋼材の有効引張力 （N）

a_{pl} ； 軸方向PC鋼材が部材軸となす角度

γ_b ； 一般に1.1.

(5) 使用性の照査

　構造物の使用状態において，曲げモーメントおよび軸方向力によるコンクリートの圧縮応力度，鉄筋およびPC鋼材の引張応力度は，文献18）に示されるとおり，各材料に適切な制限値を設定し，それ以下となるよう照査を行う．

　曲げモーメントおよび軸方向力によるコンクリートの圧縮応力度の制限値は，一般に$0.4f'_{ck}$（f'_{ck}；コンクリートの圧縮強度の特性値）とし，鉄筋の引張応力度の制限値は，f_{yk}（f_{yk}；鉄筋の降伏強度の特性値）とする．また，永続作用と変動作用を組み合わせた場合のPC鋼材の引張応力度は，$0.7f_{puk}$（f_{puk}；PC鋼材の引張強度の特性値）とする．

　永続作用と変動作用を組み合わせた場合のPC構造のコンクリートの縁引張応力度は，次の①および②により制限する．

① コンクリートの縁引張応力度の制限値は，曲げひび割れ強度の値とする．ただし，プレキャスト部材の継目に対しては引張応力度を発生させない．**表-3.2.4**にコンクリートの曲げひび割れ強度を用いて算定したPC構造に対するコンクリートの縁引張応力度の制限値を示す．

②　コンクリートの縁引張応力度が引張応力となる場合は，式
（3.2.34）により算定される断面積以上の引張鋼材を配置す
る．ただし，異形鉄筋を用いる．

$$A_s = T_c / \sigma_{sl} \qquad (3.2.34)$$

ここに，A_s　：　引張鋼材の断面積

T_c　：　コンクリートに作用する全引張力

σ_{sl}　：　引張鋼材の引張応力度増加量の制限値で，異形鉄筋に対
しては200N/mm²とする．ただし，引張応力が生じるコ
ンクリート部分に配置されている付着があるPC鋼材は，
引張鋼材とみなす．この場合，プレテンション方式のPC
鋼材に対しては200N/mm²，ポストテンションの方式の
PC鋼材に対しては，100N/mm²とする．

表 - 3.2.4　PC構造に対するコンクリート縁引張応力度の制限値 (N/mm²) [17]

作用状態	断面高さ (m)	設計基準強度 f'_{ck} (N/mm²)					
		30	40	50	60	70	80
永続作用 + 変動作用	0.25	2.3	2.7	3.0	3.4	3.7	4.0
	0.5	1.7	2.0	2.3	2.6	2.9	3.1
	1.0	1.3	1.6	1.8	2.1	2.3	2.5
	2.0	1.1	1.3	1.5	1.7	1.9	2.0
	3.0以上	1.0	1.2	1.3	1.5	1.7	1.8

3.3．プレストレスの計算

プレストレス力は，式（3.3.1）を用いて算定する．また，プレス
トレス力の減少量については，文献18）に示される（1）〜（3），（5），
（6）の方法により算定できる．

$$P(x) = P_i - [\Delta P_i(x) + \Delta P_t(x)] \qquad (3.3.1)$$

ここに， $P(x)$ ： 考慮している設計断面におけるプレストレス

P_i ： PC鋼材端に与えた引張力による緊張作業中のプレストレス力

$\Delta P_i(x)$ ： 緊張作業中および直後に生じるプレストレス力の減少量で，次の影響を考慮して算定する．
(1) コンクリートの弾性変形
(2) PC鋼材とシースの摩擦
(3) PC鋼材を定着する際のセット
(4) その他

$\Delta P_t(x)$ ： プレストレス力の経時的減少量で，次の影響を考慮して算定する．
(5) PC鋼材のリラクセーション
(6) コンクリートのクリープ，収縮，および鉄筋の拘束

(1) コンクリートの弾性変形の影響

プレテンション方式では，コンクリートの弾性変形によるPC鋼材の引張力の減少を考慮し，式（3.3.2）によってPC鋼材の平均引張応力度の減少量を算定する．

ポストテンション方式では，PC鋼材を順番に緊張するにつれて，コンクリートが弾性変形し，PC鋼材の引張力が順次減少する．この場合，PC鋼材の平均引張応力度の減少量は式（3.3.3）により算定できる．

$$\Delta\sigma_p = n_p\, \sigma'_{cpg}$$

$$(3.3.2)$$

$$\Delta\sigma_p = n_p\, \sigma'_{cpg}\, \frac{N-1}{N}$$

$$(3.3.3)$$

ここに， $\Delta\sigma_p$ ： PC鋼材の引張応力度の減少量

n_p　：　PC鋼材のコンクリートに対するヤング係数比
　　　　　　$n_p = E_p / E_c$

σ'_{cpg}　：　緊張作業によるPC鋼材図心位置のコンクリートの圧縮
　　　　　　応力度

N　：　PC鋼材の緊張回数（PC鋼材の組数）

⑵　PC鋼材とシースの摩擦

　ポストテンション方式では，PC鋼材とシースの摩擦により，PC
鋼材の引張力は緊張端（ジャッキ位置）から離れるにつれて減少す
る．この引張力の減少は，一般にPC鋼材の図心線の角変化とPC
鋼材の長さ，それぞれの影響に分けられる．設計断面におけるPC
鋼材の引張力は，式（3.3.4）により算定する．**図-3.3.1**にPC鋼材
図心線の角変化を示す．

$$P_x = P_i \cdot e^{-(\mu a + \lambda x)} \qquad (3.3.4)$$

ここに，　P_x　：　設計断面におけるPC鋼材の引張力

　　　　　P_i　：　PC鋼材のジャッキ位置の引張力

　　　　　μ　：　角変化1ラジアン当たりの摩擦係数

　　　　　a　：　角変化（ラジアン）（**図-3.3.1**参照）

　　　　　λ　：　PC鋼材の単位長さ当たりの摩擦係数

　　　　　x　：　PC鋼材の引張端から設計断面までの長さ

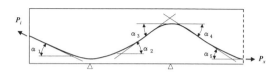

$$\alpha = \sum_{i=1}^{n} \alpha_i = \alpha_1 + \alpha_2 + \alpha_3 + \alpha_4 + \alpha_5 + \cdots\cdots + \alpha_n$$

図-3.3.1　PC鋼材図心線の角変化[17]

μ および λ の値は，PC鋼材の種類，シースの材質および内面形状によって異なる．鋼製およびポリエチレン製シースを用いる場合は，**表-3.3.1**に示す値を用いる．

PC鋼材の長さが40m程度以下，PC鋼材の角変化が30°程度以下の場合には，近似式として次式により算定する．

$$P_x = P_i\,(1-\mu\,a-\lambda x) \tag{3.3.5}$$

表-3.3.1　摩擦係数[17]

種類	μ	λ（単位；1/m）
PC鋼線，PC鋼より線	0.30	0.004
PC鋼棒	0.30	0.003

(3)　PC鋼材を定着する際のセット

PC鋼材を定着する際に，PC鋼材がくさびとともに定着具に引込まれる現象をセットと称している．セットが生じる場合は，PC鋼材の引張力の減少を考慮する．PC鋼材とシースに摩擦がない場合は，**図-3.3.2(a)** に示すように，引張力および引張力の減少量はPC鋼材全長において一定となる．この場合，a' o' o" a" に囲まれる面積は，$\Delta P \times l$ となり，セットによるPC鋼材の引張力の減少量は，式（3.3.6）により直接算定できる．セット量は，各種定着具により異なるため，各々の定着具に対して定める[19]．

$$\Delta P = \frac{\Delta l}{l}\,E_p A_p$$

$$\tag{3.3.6}$$

ここに，　ΔP　：　PC鋼材のセットによるPC鋼材引張力の減少量

　　　　　　Δl　：　セット量

　　　　　　　l　：　PC鋼材の長さ

　　　　　　E_p　：　PC鋼材のヤング係数

　　　　　　A_p　：　PC鋼材の断面積

　PC鋼材とシースに摩擦がある場合には，緊張作業中の摩擦とセットが生じてPC鋼材がゆるむ際の摩擦が同じであると仮定し，以下に示す①～④の手順に従い，図解法によりPC鋼材の引張力の減少を算定する（**図-3.3.2**参照）.

①　PC鋼材とシースの摩擦を考慮して，式(3.3.4) より，緊張端の初期緊張力をP_iとした時の定着直前のPC鋼材引張力の分布a' b' o'を算定する.

②　セットの影響が及ぶ位置cを仮定し，水平軸ceに対して，a' b' c と対象となるa" b" cを算定する.

③　a' b' c b" a"に囲まれる面積を計算し，その断面積が $A_{ep}=E_pA_p\cdot\Delta l$ 式(3.3.7) となる位置cを求め，定着直後のPC鋼材引張力の分布a" b" c o' を定める.

④　この分布a" b" c o'より，任意の設計断面におけるPC鋼材の引張力を算定する. 緊張端の定着直後のPC鋼材引張力はP_tとなる.

$$\Delta l= \frac{A_{ep}}{E_pA_p}$$

(3.3.7)

ここに，　A_{ep}　：　**図-3.3.2 (b)** に示す斜線部の面積（ ＝a' b' c b" a" に囲まれる面積）

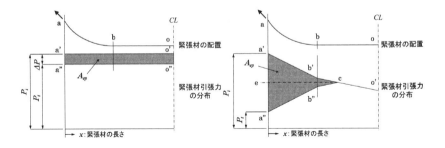

(a) PC鋼材とシースに摩擦がない場合　　(b) PC鋼材とシースに摩擦がある場合

図-3.3.2　セットが生じた後のPC鋼材の引張力の分布[17]

(4)　その他

　PC鋼より線を円形に配置した場合，導入プレストレスは，PC鋼より線の素線外側に発生する曲げ応力を差引き，次式により算定する．

$$\sigma'_{pu} = \sigma_{pu} - \frac{d \cdot E_p}{2 \cdot R}$$

(3.3.8)

ここに，　　d　：　PC鋼より線の素線直径（mm）
　　　　　　R　：　PC鋼より線の曲げ半径（mm）
　　　　　　E_p　：　PC鋼より線のヤング係数（N/mm²）
　　　　　　σ_{pu}　：　PC鋼より線の引張強度（N/mm²）
　　　　　　σ'_{pu}　：　素線に生じる曲げ応力を考慮したPC鋼より線の引張強度（N/mm²）

　PC鋼より線の素線に生じる曲げ応力を考慮した導入プレストレスは，PC鋼より線の降伏荷重（$0.85P_u$）を用いて，次式にて算定し，プレストレッシング中の許容引張荷重より小さいことを確認する．

52

$$P_0 = \{0.85 - (1 - (\sigma'_{pu}) / \sigma_{pu})\} \times P_u < 0.90 P_y$$

(3.3.9)

(5)　PC鋼材のリラクセーション

　リラクセーションによるPC鋼材の引張応力度の減少量は，次式により算定する．

$$\Delta \sigma_{pr} = \gamma \sigma_{pt}$$

(3.3.10)

ここに，　$\Delta\sigma_{pr}$　；　PC鋼材のリラクセーションによるPC鋼材引張応力度の減少量

　　　　　γ　；　PC鋼材の見掛けのリラクセーション率

　　　　　σ_{pt}　；　導入直後のPC鋼材の引張応力度

　コンクリート構造物または部材の設計に用いる見掛けのリラクセーション率 γ は，PC鋼材のリラクセーション率 γ_0 からコンクリートのクリープ，収縮の影響を考慮して，次式により算定する．

$$\gamma = \gamma_0 \,(1 - 2\Delta \sigma_{pcs} / \sigma_{pi})$$

(3.3.11)

ここに，　$\Delta\sigma_{pcs}$　；　コンクリートの収縮およびクリープによるPC鋼材引張応力度の減少量

　　　　　σ_{pi}　；　緊張作業直後のPC鋼材の引張応力度

　この場合，PC鋼材のリラクセーション率 γ_0 は，リラクセーション試験により算定しない場合は，次の①および②の仮定により算定

する.

① PC鋼材のリラクセーション率は，初期引張応力度がそれぞれ引張強度の50％および75％のとき，**表-3.3.2**の値とする.

② 初期引張応力度と引張強度との比が0.50〜0.75の間にある場合，リラクセーション率は，**図-3.3.3**のように仮定する.

一方，上記の方法によらない場合，プレストレスの減少を算定するために用いるPC鋼材の見掛けのリラクセーション率γは，一般に**表-3.3.3**に示した値とする.ここでいう低リラクセーションPC鋼材とは，リラクセーション率の低いPC鋼線およびPC鋼より線であり，1,000時間後のリラクセーション率が2.5％以下のものをいう.

表-3.3.2　初期引張応力度に応じたリラクセーション率 γ_0 [17)]

PC鋼材の種類	初期引張応力度／引張強度の規格値	
	0.50	0.75
PC鋼線およびPC鋼より線	$\gamma_{01} = 3\%$	$\gamma_{01} = 15\%$
PC鋼棒	$\gamma_{01} = 1\%$	$\gamma_{01} = 7\%$
低リラクセーションPC鋼線およびPC鋼より線	$\gamma_{01} = 1\%$	$\gamma_{01} = 4\%$

表-3.3.3　PC鋼材の見掛けのリラクセーション率 γ [17)]

PC鋼材の種類	見掛けのリラクセーション率 γ
PC鋼線およびPC鋼より線	5％
PC鋼棒	3％
低リラクセーションPC鋼線およびPC鋼より線	1.5％

(6)　コンクリートのクリープ，コンクリートの収縮，および鉄筋の拘束

コンクリートのクリープおよび収縮の影響によるPC鋼材の引張
応力度の減少量は，鉄筋の拘束の影響を考慮し，適切なクリープ解
析により算定する．コンクリートのクリープおよび収縮の影響によ
る引張力の減少量は，次式により算定する．

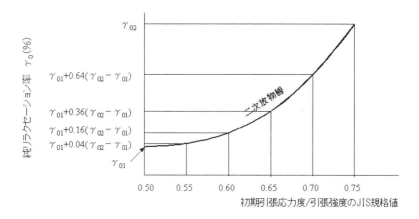

図-3.3.3　初期引張応力度／引張強度とリラクセーション率との関係[17]

$$P_e = P_t - \frac{n_p \rho_p \cdot \varphi \cdot P_t + E_p \cdot A_p \cdot \varepsilon'_{cs}}{1 + n_p \rho_p\,(1 + \chi \varphi)}$$

(3.3.12)

ここに，　P_e　：　クリープ・収縮の影響を考慮したPC鋼材のプレストレス力

　　　　　P_t　：　導入直後のPC鋼材の引張力

　　　　　n_p　：　PC鋼材のコンクリートに対するヤング係数比
　　　　　　　　　$n_p = E_p/E_c$

　　　　　ρ_p　：　PC鋼材の断面積比　　$\rho_p = A_p/A_c$

　　　　　φ　：　コンクリートのクリープ係数

　　　　　χ　：　エージング係数，一般には　$\chi = 0.8$

　　　　　ε'_{cs}　：　コンクリートの収縮ひずみ

E_p ： PC鋼材のヤング係数

A_p ： PC鋼材の断面積

A_c ： コンクリート全断面の断面積

4．施工方法

4.1．プレストレッシング

(1) 準備作業

　プレストレッシングとは，所要の耐荷力を有するPC構造物を構築するため，PC鋼材を機械的に緊張し，設計計算で示されたプレストレスを部材に正しく導入する一連の作業をいう．コンクリート強度については，供試体の圧縮強度試験結果により，ポストテンション方式の場合，プレストレッシング直後にコンクリートに生じる最大圧縮応力度の1.7倍以上，プレストレッシング時に定着部周辺に生じる支圧応力度以上の強度を有していることを確認する．

(2) 緊張順序

　複数のPC鋼材が配置された構造物にプレストレスを導入する場合，断面の図心に近いPC鋼材から緊張する．PC鋼材の延長が短い場合は，両端からPC鋼材を緊張するとセットロスの影響が過大になるため，片引き緊張とする．さらに，PC鋼材の平面的配置が多い場合は，PC鋼材1本ごと，片引きで交互に緊張方向を変えると均等な緊張力が得られる．

(3) 緊張装置

　緊張装置は，ジャッキ，ポンプおよびその付属品から構成される．

これらの緊張装置は，PC鋼材定着工法の種類，緊張力およびPC鋼材の種類によって異なるので，緊張装置の選定には注意する[18]．使用前には，計測器の精度を確認するためにキャリブレーション（校正）を行う．キャリブレーションは，ロードセルなどを用いて直接引張力を計測する方法，標準圧力計によりジャッキに作用する圧力を測定する方法などがある．一般的には，あらかじめ定着工法別に定められた内部摩擦損失の値を用いる．**写真-4.1.1**に緊張装置，**写真-4.1.2**に圧力計のキャリブレーションを示す．

写真-4.1.1　緊張装置[19]

写真-4.1.2　圧力計のキャリブレーション[19]

(4)　プレストレッシングの手順

　プレストレッシングの手順は，㋐ ジャッキのセット，㋑ 緊張，㋒ 定着（雄コーン押込み），㋓ 後処理となる．下記に作業上の留意点を示す．

㋐　ジャッキにセット

①　ジャッキをセットする前に，PC鋼材の表面や定着具への異物付着を確認する．

②　ジャッキセット時は，定着部の軸心とPC鋼材およびジャッ

キの軸心を一致させる.

③ PC鋼材をくさびで固定する定着具を使用する場合は，各くさびを均一に打込むようにする．打込みが不十分の場合，PC鋼材にすべりが生じて緩む危険がある.

④ 定着部からのPC鋼材の飛出し長さが少ないとジャッキがPC鋼材をつかむことができなくなるため，必要な余長を確保する.

⑤ PC鋼材をジャッキに仮固定するくさびに，有害な変形，割れ，歯形に摩擦，すべりの痕跡および付着物がないことを確認する.

図-4.1.1に緊張ジャッキのセット方法，**図-4.1.2**にくさびによる固定方法を示す.

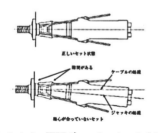

図-4.1.1 緊張ジャッキのセット方法[20]　　**図-4.1.2 ジャッキのくさびによる固定**[20]

(ｲ) 緊張

① 緊張作業中は，PC鋼材のすべりを常に点検する．緊張中にすべりが認められた場合は，ただちに作業を中止して異常原因を究明し，十分な対策を講じたうえで，最初から作業をやり直す．**写真-4.1.3**に損傷したくさびの例を示す.

② 両引き緊張の場合は，2台の緊張ポンプが同じ速度で加圧す

　る必要があり，双方の担当者が連絡を取り合いながら行う．
　写真-4.1.4に緊張ポンプを示す．

③　緊張作業中，PC鋼材が破断し，ジャッキとPC鋼材を固定
　　している くさびとPC鋼材が飛ぶこともある．緊張作業中は，
　　ジャッキの後方に立入らないこと，また，緊張作業を行う場
　　所の後方には防護板を設置するなど，十分な安全対策を講じ
　　る．

写真-4.1.3　損傷したくさび[20]　　　　　写真-4.1.4　ポンプと圧力計[20]

(ウ)　定着

①　緊張ポンプを所定の圧力まで加圧して，ポンプ操作で圧力を
　　保持する際，圧力計の示度が下がることがある．こうした場
　　合，ゆっくり圧力を上げることで，圧力計示度の下がりを解
　　消できる．

②　荷重計示度により確実な圧力が作用し，所要のPC鋼材伸び
　　量が得られたことを確認した後，雄コーンを押込んで定着具
　　を固定する定着を行う．

(エ) 後処理

① 緊張作業終了後，定着具から飛出したPC鋼材の余長はディスクグラインダーで切断する．ガスバーナーなどの使用は禁じられている．

② 緊張端部にPCグラウトの注入口，排出口を設ける場合，PC鋼材切断時に生じた異物を除去し，グラウトキャップ，ホースを装着し，PCグラウト工の準備を行う．

(5) 型枠および支保工の状態

プレストレッシングにより，コンクリート部材には，部材軸方向や上下方向に変形が生じる．よって，プレストレッシング事前に部材の変形方向と変形量を把握し，型枠，支保工により部材の変形を妨げることがないようにする．部材の変形が大きい場合は，型枠の一部を取り外して，拘束の影響を低減することや，緊張中に支保工の一部を取り外す．

4.2. 緊張管理

(1) 緊張管理の概要

プレストレッシングでは，部材断面に設計プレストレスを確実に導入することが重要になるが，実際は，様々な誤差を要因とするプレストレスの異常が生じる．この異常を早期に発見し，対策を講じるために行われるのが緊張管理である．

緊張管理の方法としては，(ア) 摩擦係数をパラメータとして管理する方法（摩擦管理），(イ) 引張力と伸びを独立して管理する方法（伸び管理）の2通りの方法がある．これらは，主として構造物に配

置されているPC鋼材の配置形状や，本数の程度などによって使い
分ける．**表-4.2.1**に緊張管理方法の比較を示す．また，それぞれ
の管理方法に合わせて，計測された引張力や伸びが所定の範囲内に
あることを確認するため，「PC鋼材1本ごとの管理」と品質のばら
つきなどによる偶然誤差や計測器の故障などによる異常誤差を管理
するため，「PC鋼材グループごとの管理」などを行う．

表 - 4.2.1　緊張管理方法の比較 [21] を編集

分　類	摩擦係数をパラメータとして管理する方法	引張力と伸びを独立して管理する方法
管理方法	圧力計の読み／引止め線／$\mu = \mu_A$　A／$\mu = \mu_B$　B／伸び ・試験緊張にて得られた見掛けのヤング係数を用い，摩擦係数 μ の任意の2つの値（μ_A および μ_B）の緊張計算を行い，この計算結果よりA点とB点を求め，ABを通過する線を引止め線とする方法．	圧力計の読み／σm_0／引止め点／A($\sigma m_0, \Delta l_0$)／伸び／Δl_0 ・あらかじめ，必要となるA点（座標 $\sigma m_0, \Delta l_0$）を緊張計算で求め，緊張作業では，図のハッチした部分を引止め範囲とする方法．
適用範囲	・PC鋼線およびPC鋼より線を主方向のケーブルに使用する場合．	・PC鋼棒を使用する場合． ・PC鋼線およびPC鋼より線を床版横締め，横桁横締めに使用する場合．
適用理由	・主方向のPC鋼材配置では，曲線配置部でのPC鋼材とシース間の摩擦によるプレストレスの損失が大きい．そのため，プレストレスの変動の主要因として，曲線配置部でのPC鋼材とシース間の摩擦係数の変動に着目して管理することが合理的であるため．	・プレストレスの変動に対して卓越する要因がないため，引張力と伸びを不足させないことで，プレストレス不足を防止することが合理的であるため． ・床版横締めの場合は，PC鋼材本数が多く，プレストレスが不足する確率が小さいため．

(2)　摩擦係数をパラメータとして管理する方法

摩擦係数をパラメータとして緊張管理を行う場合の手順を**図-4.2.1**に示す.

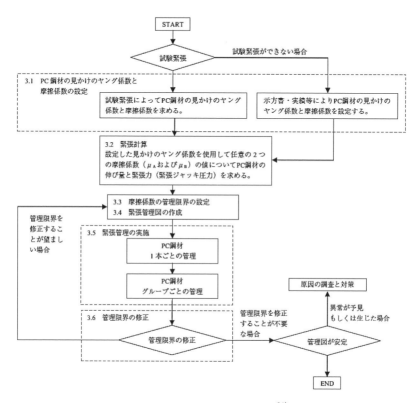

図-4.2.1　摩擦管理の手順[21]

(ア)　PC鋼材の見掛けのヤング係数と摩擦係数の設定

緊張しようとするPC鋼材の見掛けのヤング係数$\dot{E}_p$と$\dot{\mu}$の値を設定する. これらの値は, 通常, 試験緊張で得られるが, 試験緊張ができない場合は, **表-4.2.2**の値を用いる.

表-4.2.2　摩擦係数および見掛けのヤング係数の標準値[を編集]

鋼材種別	$\dot{\mu}$	λ	$\dot{E}_p\,(\mathrm{kN/m^2})$
鋼線	0.30	0.004	195
鋼より線	0.30	0.004	185
鋼棒	0.30	0.003	200

（出典：日本道路協会 道路橋示方書・同解説 Ⅰ共通編 Ⅲコンクリート橋編，2002.）

(ｲ)　緊張計算

　上記により決定したPC鋼材の見掛けのヤング係数$\dot{E}_p$を用いて緊張計算を行い，任意の2つの摩擦係数（μ_Aおよびμ_B）について，設計緊張力を満足するPC鋼材の伸び量Δlと緊張ジャッキの圧力計の読みδ_mを算定する.

(ｳ)　摩擦係数の管理限界の設定

　摩擦係数の管理限界は，統計学的手法を用いて設定する.

①　十分な予備データが得られている場合

　　PC鋼材に対する管理限界である摩擦係数μの上限値および下限値は，式(4.2.1)〜式(4.2.5) により算出する.

ⅰ)　PC鋼材1本に対して

$$\mu\text{の上限値} = \dot{\mu} + 2\,\sigma \tag{4.2.1}$$

$$\mu\text{の下限値} = \dot{\mu} - 2\,\sigma \tag{4.2.2}$$

ここに，　$\dot{\mu}$　：　摩擦係数の計測値

　　　　　μ　：　試験緊張などにより得られる摩擦係数$\dot{\mu}$の平均値

　　　　　σ　：　試験緊張などにより得られる摩擦係数$\dot{\mu}$の標準偏差

$$\sigma = \sqrt{\frac{\Sigma\,(\dot{\mu} - \dot{\mu})^2}{n - 1}} \tag{4.2.3}$$

n　：　試験緊張時の計測値個数

ⅱ）　PC鋼材グループごとに対して

$$\mu \text{の上限値} = \overset{\cdot}{\mu} + 2\,\sigma/\sqrt{m} \tag{4.2.4}$$

$$\mu \text{の下限値} = \overset{\cdot}{\mu} - 2\,\sigma/\sqrt{m} \tag{4.2.5}$$

ここに，　m　：　1グループのPC鋼材の本数

②　十分な予備データが得られていない場合

　　PC鋼材に対する管理限界である摩擦係数 μ の上限値および下限値は，①と同様に式（4.2.6）～式（4.2.9）により算出する．

ⅰ）　PC鋼材1本に対して

$$\mu \text{の上限値} = \overset{\cdot}{\mu} + 0.4 \tag{4.2.6}$$

$$\mu \text{の下限値} = \overset{\cdot}{\mu} - 0.4 \tag{4.2.7}$$

ⅱ）　PC鋼材グループごとに対して

$$\mu \text{の上限値} = \overset{\cdot}{\mu} + (\textbf{表-4.2.3}\text{の標準値}) \tag{4.2.8}$$

$$\mu \text{の下限値} = \overset{\cdot}{\mu} - (\textbf{表-4.2.3}\text{の標準値}) \tag{4.2.9}$$

　また，試験緊張を行わない場合の管理限界は，**表-4.2.3**に示す $\overset{\cdot}{\mu} = 0.30$ を平均値 $\overset{\cdot}{\mu}$ として，式（4.2.6）～式（4.2.9）により算定する．ただし，10本（試験緊張で求められるデータ数）以上のPC鋼材のプレストレッシングを行った段階で，式（4.2.1）～式（4.2.5）を用いて，管理限界の修正を行う．

表-4.2.3　摩擦係数 μ の管理限界の標準値

グループ数のPC鋼材本数; m	管理限界の標準値
1	± 0.40
2	± 0.28
3	± 0.23
4	± 0.20
5	± 0.18
6	± 0.16
7	± 0.15
8	± 0.14
9	± 0.13
10以上	± 0.13

（出典：日本道路協会 コンクリート道路橋施工便覧, 1998.）

㈢　緊張管理図の作成

　緊張管理図では，緊張計算で求めた値を用いて緊張作業の引止め線を求めて，設定した摩擦係数の管理限界（上限線と下限線）を示す．引止め線は，伸び量が2～3％大きくなるように設定する．**図-4.2.2**にPC鋼材1本ごとの緊張管理図の例を示す．

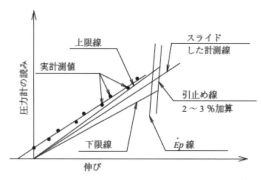

図-4.2.2　PC鋼材1本ごとの緊張管理図[21]

⑷　緊張管理の実施

①　1本ごとの管理図を用いた管理方法

　緊張管理を実施する際には，緊張管理図に実測値をプロットし，図を確認しながら緊張作業終了時の緊張力（引止め）を決定する．プロットした点を直線で結び，原点を通るように平行移動させた実測線が，管理限界範囲内にあるか，また，実測線が直線で近似できるかなどを管理する．

②　グループごとの管理図を用いた管理方法

　1本ごとの緊張管理結果（摩擦係数 μ ）がある程度集まった時点で，プレストレッシングに異常がないかを判断するため，グループごとの管理を実施する．まず，何本かの鋼材の μ 値をまとめ，その平均値をグループ管理図にプロットする．管理図にプロットされたPC鋼材ごとのデータ（ μ 値）のばらつきを確認しながら，異常がないか管理を行う．**図-4.2.3**にグループごとの管理図の例を示す．

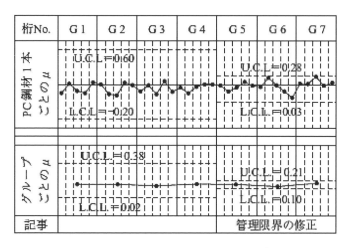

図-4.2.3　グループごとの管理図[21)]

㋕　摩擦係数の管理限界の修正

　摩擦管理では，プレストレッシングの成否を判断する指標として，摩擦係数 μ により管理を行う．その管理限界は，作成された管理図から得られたデータを用いて修正し，段階的に管理限界の幅を狭めていくことで精度の向上を図ることができる．

(3)　引張力と伸びを独立して管理する方法

　鋼材本数が多くプレストレスが不足する確率が低い場合や摩擦係数による影響が小さく摩擦係数をパラメータとする管理手法に適さない場合に採用される便宜的な手法である．**図-4.2.4**に引張力と伸びを独立して緊張管理を行う場合の手順を示す．

㋐　PC鋼材の見掛けのヤング係数と摩擦係数の設定

　伸び管理では，一般に試験緊張を行わず，**表-4.2.2**の標準値により，PC鋼材の見掛けのヤング係数 $\dot{E}_p$ や摩擦係数 $\dot{\mu}$，$\dot{\lambda}$ を定める．

㋑　緊張計算

　㋐で定めたPC鋼材の見掛けのヤング係数 $\dot{E}_p$ や摩擦係数 $\dot{\mu}$，$\dot{\lambda}$ を用いて，設計緊張力を満足するPC鋼材の伸び量 Δl_a と緊張ジャッキの読み σm_a を算定する．

㋒　管理限界の設定

　1本ごとの許容誤差は，伸び量や圧力計の読みのばらつきを標準偏差 $\sigma = 5\%$ とみなして，$\pm 2\sigma = 10\%$ とする．

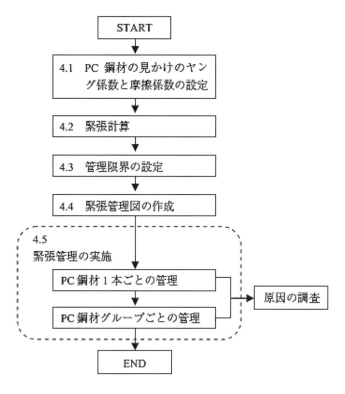

図-4.2.4　伸び管理の手順[21]

㈎　緊張管理図の作成

　伸び管理では，圧力計の読みσmとPC鋼材の伸び量Δlが，いずれも不足しないような引止め線により管理を行う．緊張管理図の作成では，まず，緊張計算で求めた圧力計の読みと伸び量を管理図にプロットする「点A;座標（σm_a, Δl_a）」．次に，点Aを基準として，引止め線を記入する．加えて，圧力計の読みとPC鋼材の伸び量のそれぞれについて，設計値から10％の誤差を上限として，管理限界線を記入する．伸び管理に用いる緊張管理図の例を**図-4.2.5**に示す．

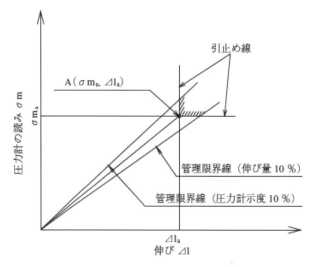

図-4.2.5　伸び管理の緊張管理図[21)

㋔　緊張管理の実施

①　1本ごとの管理図を用いた管理方法

　PC鋼材の緊張管理を実施する際には，緊張管理図に実測値をプロットし，図を確認しながら緊張作業終了時の緊張力（引止め）を決定する．引止め点が引止め線を超えていないか，管理限界範囲内にあるかなどを管理する．

②　グループごとの管理図を用いた管理方法

　グループごとの管理では，**図-4.2.6**のような管理図を用いる．圧力計の読みと伸び量のそれぞれの誤差の差を表すδは，グループの本数の平方根に反比例して小さくなる傾向となる．**表-4.2.4**に許容誤差の標準値を示す．このδの許容誤差は，1グループを構成するPC鋼材本数をmとしたときに，PC鋼材1本ごとのδの許容誤

差である±2σ=10％を用いて，式（4.2.10）による算出される．

$$許容誤差の標準値（\%）= 10/\sqrt{m} \qquad (4.2.10)$$

ここに，　m　：1グループのPC鋼材の本数

表-4.2.4　許容誤差の標準値[21]

1グループを構成する PC鋼材の本数（本）	許容誤差の標準値 （％）
1	10
2	7.1
3	5.8
4	5.0
5	4.5
6	4.1
7	3.8
8	3.5
9	3.3
10以上	3.2

組番号	PC鋼材番号	測定伸び(mm)	計測伸び(mm)	①差(%)	測定応力(MPa)	計算応力(MPa)	②差(%)	$\delta=$①-②(%)	$\bar{\delta}$	管理図(伸び) 10.0 0.0 -10.0	管理図(応力) 10.0 0.0 -10.0	備考
	1	69	68	1.5	58	57.3	1.2	0.3				
	2	69	〃	1.5	58		1.2	0.3				
	3	68	〃	0.0	58		1.2	-1.2				
	4	69	〃	1.5	59		3.0	-1.5				
	5	70	〃	2.9	58		1.2	1.7				
	6	68	〃	0.0	58		1.2	-1.2				
	7	69	〃	1.5	58		1.2	0.3				
1	8	69	〃	1.5	58		1.2	0.3	-0.2			
	9	69	〃	1.5	58		1.2	0.3				
	10	68	〃	0.0	59		3.0	-3.0				
	11	69	〃	1.5	58		1.2	0.3				
	12	70	〃	2.9	58		1.2	1.7				
	13	69	〃	1.5	58		1.2	0.3				
	14	69	〃	1.5	58		1.2	0.3				
	15	70	〃	2.9	58		1.2	1.7				
	16	68	〃	0.0	59		3.0	-3.0				
許容誤差				10％以下			10％以下	3.2％以下				

図-4.2.6　グループごとの管理図[21]

4.3. PC グラウトの施工

(1) 保有すべき性能

　ポストテンション方式では，PC 鋼材をシースに挿入，コンクリートを打設，プレストレッシングの施工手順となる．そのため，PC 鋼材とシースの間に隙間が生じている．よって，PC グラウトに要求される性能としては，この隙間を完全に充填し，PC 鋼材を腐食させないこと，およびコンクリート部材と PC 鋼材を一体化させることなどが求められる[22].

(2) 設計

　PC グラウトの設計では，塩化物イオン量，圧縮強度，残留空気の有無などを照査する．

　塩化物イオンの含有量の照査は，各材料の試験成績表などを用いて試算することを標準とし，ポルトランドセメントを使用した場合の PC グラウトに内在する塩化物イオン量は，セメント質量の 0.08％以下，または，$0.30\,\mathrm{kg/m^3}$以下とする．圧縮強度の照査は，各材料の製造会社が保有している技術資料などによることを標準とし，PC グラウトの圧縮強度は，$30\,\mathrm{N/mm^2}$以上を標準とする．有害となる残留空気の有無の照査は，実物大試験によることを原則とする．対象とする PC グラウトの施工条件が，過去の実物大試験や実施工において充填性が確認できているものと類似であると判断できる場合には，その結果を照査に代えることができる．

(3) 材料

　使用材料については，本章 2.3. PC グラウトを参照されたい．

(4)　配合

　PCグラウトの配合は，選定したプレミックス材，またはグラウト混和剤の特性および施工条件を考慮して，PCグラウトが設定された流動性を有するよう計画し，施工時の外気温を考慮した試験練りを行い，流動性を確認する．また，計画したPCグラウトの配合では，塩化物イオン含有量および圧縮強度の照査を行い，所要値を満足することを確認する．**表-4.3.1**にプレミックス材およびグラウト混和剤の配合例を示す．

(5)　施工

㋐　施工計画

　PCグラウト作業管理者が事前に施工計画書を作成する．**表-4.3.2**に施工の各段階における検討項目の概要一覧を示す．

㋑　使用材料の確認

　PCグラウトの材料は，配合で決定した材料と同等のものを使用し，施工時の気象条件や使用機械の性能などの施工条件に対する適合性を確認する．また，セメント，プレミックス材，およびグラウト混和剤は，材料搬入後の品質に変化がないか，また，シースなどのダクト形成材料などは，所要品質が確保されているか確認する．なお，セメントの使用期限については材料搬入後2か月，プレミックス材の使用期限は，製造年月日から起算して6か月，グラウト混和剤の使用期限は製造会社記載の使用期限を目安とするが，開封時の品質に問題がある場合は使用しないように注意する．

表-4.3.1　プレミックス材およびグラウト混和剤の配合例[22) を編集]

粘性タイプ	混和タイプ	名称	W/P[*)](%)	使用量(C×%)	単位量(上段:kg/m³)(下段:kg/バッチ)		
					セメント(粉体)	水	混和剤
高粘性型	混和剤	GF－1720	42.5	1.0	1,349	573	13.49
					75	31.88	0.75
高粘性型～低粘性型	プレミックス	エスセイバーPC	29.0	－	1,574	456	－
					20	5.8	
			31.3	－	1,523	476	－
					20	6.25	
			33.5	－	1,475	494	－
					20	6.7	
低粘性型	混和剤	GF－1700N	44.0	1.0	1,322	582	13.22
					75	33	0.75
超低粘性型	プレミックス	ハイジェクター(Premix－AD)	36.0	－	1,458	525	－
					75	27	

＊）混和剤タイプの場合は水セメント比（W/C）を示す.

表-4.3.2　検討項目の概要一覧[22) を編集]

設計で設定した項目	施工で決定する項目	
設計で決定した材料	使用材料の選定，保管および取扱い方法	ステップバイステップ注入方式の方法
シースの配置	工事ごとの基準試験および施工時の配合選定	定着具の跡埋めおよび部材端面の保護方法
グラウトホースの径，長さ	注入までの処置方法	施工機械，器具の選定
注入，排気，排出口の配置	材料の計量方法	寒中，暑中グラウトの対策
流動性と注入流量設定，注入圧力	練混ぜおよび撹拌方法	注入方法，トラブル対策

(ウ)　使用材料の保管と取扱い

　プレミックス材，セメントおよびグラウト混和剤は，納入日ごと

に識別管理し，台木などを利用して直接地面と触れることを避けて倉庫で保管する．プレミックス材およびセメントの積重ねは10袋以下とする．シースは，倉庫で保管するか，屋外に置く場合は，台木を敷き，ビニルシートなどで覆い，水分，油，塩分，ゴミが付着しないように保管する．鋼製シースは，折れ曲がりやつぶれ，ポリエチレンシースは，保管時の温度に注意する．**写真-4.3.1**，**写真-4.3.2**に保管倉庫の設置例，および保管状況を示す．

写真-4.3.1　保管倉庫の外観[22)]

写真-4.3.2　材料の保管状況[22)]

㈗　注入までの処置

PCグラウトの注入口，排気口，排出口および接続部は，施工前に水分や異物などが入らないように密封する．また，ダクトの気密性，導通性について，コンプレッサーで圧縮空気を送るなどの方法で確認する．ただし，ダクト内部の湿潤性を保つため，水通しを行う慣習があったが，残留水によるPC鋼材の腐食，PCグラウトの品質低下を招くおそれもあるため，現在は行わないことになっている．

㈡　材料の計量

PCグラウト材料の計量は，配合で示された質量であることを確

認する．プレミックス材およびグラウト混和剤は，製品に記載された製造会社による計量値を使用する．また，セメントと練混ぜ水の質量軽量誤差については，下記の範囲とする．

① セメント

セメント計量値の平均値に対して±2.0％以内とする．

② 練混ぜ水

セメント計量値の平均値に対して調整した練混ぜ水質量の±1.0％以内とする．

㋕ 練混ぜおよび撹拌

PCグラウト材料の投入順序および練混ぜ時間は，プレミックス材およびグラウト混和剤ごとに規定される方法に従い，グラウトミキサーは，十分な練混ぜ性能を有するものを使用する．練混ぜられたPCグラウトは，グラウトポンプに投入する前に，1.2mm程度のふるいを通し，注入中も緩やかに撹拌（かくはん）する．

㋖ 注入作業

注入作業は，施工計画で決めた注入流量および注入圧力を確認しながら行う．注入作業順序は，施工計画にしたがい，排気口，排出口から排出されるPCグラウトは一様になったことを確認した後，空気の混入防止のため連続して5秒程度排出させる．排出口，および排気口閉塞後，最終注入圧力が保持されていることを確認する．注入作業に用いたグラウトホースは，注入作業完了後，グラウト内部の気泡集積，気密性確保，および雨水侵入防止などを目的として，鉛直に1.0m以上の高さに保持する．

⑺　施工機械・器具

　計量器は，所定の数量を正確に計測できるもの，グラウトミキサーは，十分な練混ぜ性能を有するもの，グラウトポンプは，注入時に空気混入のない機構と所定のグラウトを注入可能な容量のあるもの，流量計は，注入時の圧力と流量を連続的に測定し，確認および記録ができるものをそれぞれ選定する．また，注入量が多い工事では，ミキシングプラントを設置する．**表-4.3.3**にグラウトミキサー仕様例，**図-4.3.1**にミキシングプラントの概要を示す．

表-4.3.3　グラウトミキサーの仕様[22] を一部修正

練混ぜ量	50リットル	100リットル	150リットル
回転翼	鋳造4枚羽根，全長220mm	鋳造4枚羽根，全長300mm	鋳造4枚羽根，全長300mm
回転数	1,000rpm	1,000rpm	1,000rpm
電動機	3相，200V，4P，1.5kW	3相，200V，4P，3.7kW	3相，200V，4P，5.5kW
機械質量	85kg	200kg	240kg

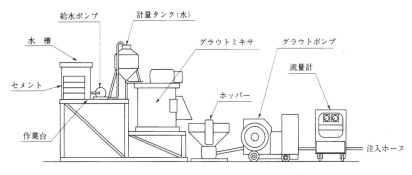

図-4.3.1　ミキシングプラントの概要[22]

⑹ 寒中および暑中グラウト工

　日平均気温が4℃以下になることが予想される場合は，PCグラウトの注入作業を行わない．やむを得ず寒中でグラウトを行う場合には適切な対応をとる．また，日平均気温が25℃を超えることが予想される場合は，PCグラウトの温度上昇や急激な硬化などが生じないよう暑中の対策を講じる．

⑺ 検査

　PCグラウトの検査には，品質検査，施工に関する検査，充填検査などがある．品質検査は，PCグラウトが所要の品質を有することを確認するために実施するもので，材料特性に関する試験が規定されている．施工に関する検査は，施工計画から跡処理までが規定されている．工事の各段階で実施する品質検査および施工に関する検査に合格することにより，ダクトに有害となる残留空気が存在せず完全に充填されたと判断できる．また，PCグラウト注入中もしくはPCグラウト注入後に充填検査を実施することで，有害となる残留空気に対する検査精度が向上する．

参考文献
1) （一社）プレストレスト・コンクリート建設業協会；技術資料.
2) （公社）プレストレストコンクリート工学会；プレストレストコンクリート技術，2017.
3) 建築学生が学ぶ構造力学kentiku-kouzou.jp HP；PC構造と理論.
4) （一社）プレストレスト・コンクリート建設業協会HP；PC建築，PC建築の構工法，③工場にてプレキャスト部材にプレストレスを導入（プレキャストPC部材），プレテンション方式.

5) 日本高圧コンクリート（株）HP；橋梁等施工実績，プレテンション橋（新鮎川橋）.

6) 日本高圧コンクリート（株）HP；橋梁等施工実績，ポステンT桁橋（新トムラウシ橋）.

7) 第一復建（株）HP；事業内容，橋梁・構造物（二千年橋）.

8) 株式会社富士ピー・エスHP；施工実績，土木，第二名神高速道路錐ヶ瀧橋.

9) コーアツ工業（株）HP；技術情報，PC斜張橋（サンセットブリッジ）.

10) 三井住友建設（株）HP；技術・ソリューション，エクストラドーズド橋（翔鷹大橋）.

11) （公社）日本コンクリート工学会；コンクリート技術の要点'15，2015.

12) 住友電工（株）HP；会社案内，広報誌SEI WORd 2013年12月号「高機能PC鋼材」の新用途，明日のクリーンエネルギーを支える洋上風力発電への適用.

13) 東拓工業（株）HP；製品情報，橋梁関連資材（ポリエチレンシース）.

14) （一社）プレストレスト・コンクリート建設業協会；やさしいPC橋の設計，2014.

15) 株式会社カクイチHP，土木用ホース，インダスCS-CB.

16) 極東鋼弦コンクリート振興（株）HP；資機材紹介，樹脂製グラウトキャップ.

17) （公社）土木学会；2017年制定コンクリート標準示方書［設計編］，丸善出版，2018.

18) （公社）プレストレストコンクリート工学会；2010年版PC定着工法，技報堂出版，2010.

19) （公社）プレストレストコンクリート工学会；プレストレストコンクリートVol.53 No.5，2010.

20) （公社）プレストレストコンクリート工学会；プレストレストコンクリートVol.53 No.5，2010より極東鋼弦コンクリート振興（株）提供資料.

21) （公社）プレストレストコンクリート工学会；プレストレストコンクリートVol.53 No.3，2010.

22) （公社）プレストレストコンクリート工学会；PCグラウトの設計施工指針-改訂版-，2012.

第1章　都市トンネル工法

1.　シールド工法

1.1.　概要

(1)　シールド工法とは

　シールド工法は，シールドと呼ばれる鋼製の筒を地山に押込みながら，その保護のもとで掘削，推進，覆工，裏込め注入などの作業を行う工法で，地表面を使用しないトンネル掘削方式の1つである．切羽と外周の地山を常にシールドや覆工で支持しており，地山を緩ませることが少なく，安全確実な工法であり，騒音，振動，地表沈下などの防止のため，特に都市トンネルで多用されている．

　掘削は，シールドの前面に装備されたカッターを回転させながら地山を切削し，シールド内部に取込んだ後，発進立坑まで搬送して坑外へ搬出する．覆工は，シールドの掘進完了後，シールド後部の空いたスペースに立坑から搬送されたセグメントを組み立てることによって構築する．シールドの推進は，セグメント組立て完了後，シールドジャッキでセグメントに反力を取りながら，掘削と同時に行う．なお，セグメントはシールド内部で組み立てられるため，シールドの推進が開始されると，地山と地山に出たセグメント外面には隙間が生じるため，通常，シールドの推進に併行して，この隙間を充填する裏込め注入が行われる．なお，セグメントは，鋼製やコンクリート製が使用されるが（一次覆工），さらに，セグメントの内面側に鉄筋，または無筋コンクリートを打設して，覆工を構築することがある（二次覆工）．**図-1.1.1**にシールド工法の概要を示す．

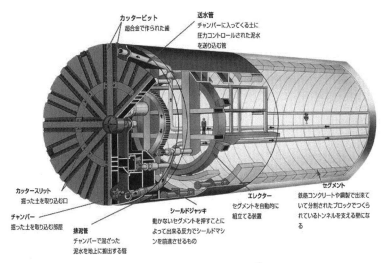

カッタービット
超合金で作られた歯

送水管
チャンバーに入ってくる土に
圧力コントロールされた泥水
を送り込む管

カッタースリット
掘った土を取り込む口

チャンバー
掘った土を取り込む部屋

排泥管
チャンバーで混ざった
泥水を地上に搬出する管

シールドジャッキ
動かないセグメントを押すことに
よって出来る反力でシールドマシ
ンを前進させるもの

エレクター
セグメントを自動的に
組立てる装置

セグメント
鉄筋コンクリートや鋼製で出来て
いて分割されたブロックでつくら
れているトンネルを支える壁にな
る

図-1.1.1　シールド工法[1]

(2)　シールド工法の特徴

　シールド工法の特徴としては，下記の項目があげられる．

㋐　都市部の主に軟弱地盤から硬質地盤まで広い土質に対応できる．

㋑　大深度，河海横断など，地下水圧が高い場合でも，遮水性が確
　　保できる．

㋒　トンネル線形の自由度が高く，輻輳した都市地下環境の施工に
　　適している．

㋓　施工速度が大きく，長距離トンネルを短期間で構築できる．
　　また，工法選定上では，下記の課題もある．

㋐　発進立坑が掘削土砂搬出や資機材仮置きのための作業基地にな
　　るため，トンネルの規模に応じて，広い敷地が必要になる．

㋑　シールド製作期間がトンネル工事全体の工程に与える影響が大
　　きい．

㈡　シールド発進到達時の防護工，カッターの地中交換などで，地盤改良などの補助工法を併用する場合，土質条件によっては，かなり施工が煩雑になる．

(3)　トンネルの調査

　調査は，㈠ 立地条件調査，㈡ 支障物件調査，㈢ 地形および地盤調査，㈣ 環境保全のための調査を含み，シールド工法を安全かつ経済的に実施するために行われる．

　調査の結果は，トンネルのルート選定，シールド工法採用の可否，トンネルの設計，環境保全などの検討に利用される．特に，シールド工法の設計，施工の難易を左右する地形および地盤調査は重要であり，①地形，②地層構成，③土質，④地下水，⑤酸欠空気，有害ガスの有無，などの調査を入念に行う．土質調査では，サンプリングから地盤の工学的な諸性質を得るための現地および室内試験が多数存在する．トンネル設計条件の妥当性を得るためにも，調査位置，試験項目選定，試験結果の評価は適切に行う必要があるが，経済性を要求される場合もあり，慎重な判断が求められる．

(4)　トンネルの計画

　トンネルの計画では，調査によって得られた条件をもとに安全性，経済性，工期，維持管理性などを考慮し，事業計画に応じたトンネルの内空断面，線形，土被り，立坑，覆工，工事の計画，環境保全計画を決定する．**表-1.1.1**に計画で考慮するリスクの例を示す．

表-1.1.1　計画で考慮するリスク[2]を改変して転載

段階	施工時	供用時
リスク現象	・用地の確保や関係機関との協議，関係工事や計画の遅れ	・近接施工，周辺地盤の沈下や地下水位の大幅変動等に伴う荷重条件の変化
	・環境基準を超えた汚染土	・大地震等の自然災害
	・巨礫，岩盤の出現や可燃性ガス	・漏水，覆工の変化や変形
	・発進基地やシールドからの騒音，振動の発生	・改良工事や新たな計画による荷重や構造の変化
	・立坑や坑内からの出水，地上の冠水による水没	・坑内火災，浸水等の重大な災害の発生
	・大幅な蛇行，出来形不良	・法律，基準類の変更に伴う要求性能の変化
	・施工時荷重等によるセグメントの重大な損傷	・計画能力に対する需要の大幅な増加など
	・地中支障物	
	・大きな地表面沈下や陥没	
	・シールドの重大な故障や破損	
	・労働災害の発生	
	・周辺住民からのクレームや訴訟など	

(5)　トンネルの維持管理

　シールドトンネルは，長期の環境作用による経年劣化に加え，調査，計画，設計および施工時点で想定した環境条件や使用条件の変化などにより，性能が低下し，補修，補強が必要となる場合がある．具体的な性能低下としては，漏水，コンクリート劣化，ひび割れ，断面欠損，過大な変形，および鋼材の腐食によるトンネルの耐力低下や覆工コンクリートの剥落がある．一方，トンネルは更新が難しい構造物であるため，供用期間中に適切な維持管理ができるよう配

慮し，長期にわたり使用できる施設とすることが重要である．

1.2．設計手法

(1)　覆工の選定

　覆工は，地山を直接支持して所定の内空を保持するとともに，トンネルの使用目的に合致し，施工上必要な機能を有するものである．覆工には，主に力学的な機能を持たせる一次覆工と耐久的な機能を持たせる二次覆工がある．一次覆工は，トンネルに作用する土水圧，自重，上載荷重の影響，地盤反力などに耐える主体構造であり，ジャッキ推力，裏込め注入圧などの施工時荷重にも耐えるなどの力学的機能が要求される．一次覆工は，工場製品であるセグメントをトンネルの横断面方向および縦断方向にボルト継手などで連結し構築する．二次覆工は，現場打ちコンクリートを一次覆工の内側に巻立てて構築する．二次覆工が保有すべき機能としては，①セグメントの防食，防水，②線形，内面平滑性の確保，③セグメントの摩耗，変形防止，④浮上り防止，⑤防振，防音，耐火，⑥内部施設，隔壁，などがある．**表-1.2.1**に一次覆工セグメントの種類を示す．

表 - 1.2.1 一次覆工セグメントの種類[2) を改変して転載]

	鋼製セグメント	鉄筋コンクリート製セグメント	合成セグメント
外観			
長所	・材質が均一で強度が保証される ・優れた溶接性で比較的軽量 ・施工性に富み加工修正が容易	・耐久性，耐圧縮性に優れる ・座屈が少なく，剛性が高い ・水密性に優れる	・高い耐力と剛性を付与できる ・セグメント高さを低減できる ・水密性に優れる
短所	・コンクリート製品と比較して変形しやすい ・座屈やスキンプレートの変形が生じやすい	・重量が大きく扱いにくい ・引張強度が小さいのでセグメント端部が破損しやすい ・脱型，運搬，施工時に要注意	・鋼材とコンクリートまたは無筋コンクリートの組合わせによるものが一般的で製品単体の比較では経済性で不利

(2) 作用

　覆工の設計にて考慮する作用は，鉛直および水平土圧，水圧，覆工自重，上載荷重の影響，地盤反力，施工時荷重，環境の影響，浮力，地震の影響，近接施工の影響，併設トンネルの影響，地盤沈下の影響，内水圧の影響，内部荷重，その他の作用などである．土圧の算定では，土と水とを分離して取扱う考え方（土水分離）と水を土の一部として包含する考え方（土水一体）がある．一般的に，前者は砂質土，後者は粘性土に採用される．

㈎　鉛直土圧および水平土圧

　鉛直土圧は，土被りがトンネルの外径に比べて大きくなると，土のアーチング効果が期待できることから，設計計算用土圧に緩み土圧の採用が可能になる．この場合，施工過程での荷重やトンネル完成後の荷重変動を考慮して，緩み土圧に下限値を設けることがある．この下限値は，トンネルの用途によって異なるが，比較的小規模なトンネルの場合でも，トンネル外径の2倍に相当する高さの土荷重を採用することが多い．**図-1.2.1**にテルツァーギ（Terzaghi）の式による緩み土圧の式を示す．

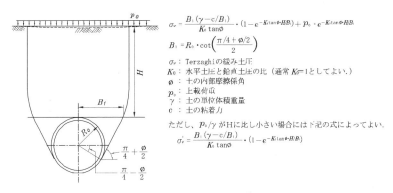

$$\sigma_v = \frac{B_1(\gamma - c/B_1)}{K_0 \tan\phi} \cdot (1 - e^{-K_0 \tan\phi \cdot H/B_1}) + p_0 \cdot e^{-K_0 \tan\phi \cdot H/B_1}$$

$$B_1 = R_0 \cdot \cot\left(\frac{\pi/4 + \phi/2}{2}\right)$$

σ_v：Terzaghiの緩み土圧
K_0：水平土圧と鉛直土圧の比（通常 K_0=1としてよい．）
ϕ：土の内部摩擦角
p_0：上載荷重
γ：土の単位体積重量
c：土の粘着力

ただし，p_0/γ がHに比し小さい場合には下記の式によってよい．

$$\sigma_v' = \frac{B_1(\gamma - c/B_1)}{K_0 \tan\phi} \cdot (1 - e^{-K_0 \tan\phi \cdot H/B_1})$$

図-1.2.1　緩み土圧[2]

　水平土圧は，覆工の両側部にその横断面の図心直径にわたって水平方向に作用する等変分布荷重とし，その大きさは，その深さの鉛直土圧に側方土圧係数を乗じて算定する．**表-1.2.2**に側方土圧係数（λ）および地盤反力係数（κ）の関係を示す．

表-1.2.2　側方土圧係数 (λ) および地盤反力係数 (κ) [2] を改変して転載

水の扱い	土の種類	λ	κ (MN/m³)	N 値による目安
土水分離	非常によく締まった砂質土	0.35 ～ 0.45	30 ～ 50	N ≧ 30
	締まった砂質土	0.45 ～ 0.55	10 ～ 30	15 ≦ N < 30
	緩い砂質土	0.50 ～ 0.60	0 ～ 10	N < 15
	固結した粘性土	0.35 ～ 0.45	30 ～ 50	N ≧ 25
	硬い粘性土	0.45 ～ 0.55	10 ～ 30	8 ≦ N < 25
	中位の粘性土	0.45 ～ 0.55	5 ～ 10	4 ≦ N < 8
土水一体	緩い砂質土	0.65 ～ 0.75	5 ～ 10	4 ≦ N < 8
	軟らかい粘性土	0.65 ～ 0.75	0 ～ 5	2 ≦ N < 4
	非常に軟らかい粘性土	0.75 ～ 0.85	0	N < 2

(イ)　水圧

　水圧は，トンネル施工中および将来の地下水の変動を想定して安全側となるような地下水位を設定し設計を行う．また，水圧は静水圧とし，その分布形状は構造計算モデルにより選定する．**図-1.2.2**に設計水圧の考え方を示す．

　後述の慣用計算法では，水圧の分布形状と大きさを土圧にならって鉛直方向および水平方向にそれぞれ別々に作用させている．鉛直方向の水圧は等分布荷重とし，その大きさは，覆工頂部ではその頂点に作用する静水圧，底部ではその底点に作用する静水圧とする．水平方向の水圧は等変分布荷重とし，その大きさは，静水圧とする．一方で，はり-ばねモデルによる計算法では，覆工の図心位置における地下水圧をトンネル半径方向に作用させる方法を適用することが多い．

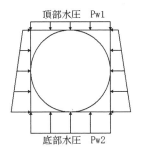 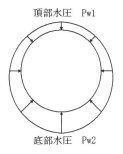

① 鉛直，水平方向それぞれに作用させる方法　② 半径方向に作用させる方法

図-1.2.2　設計水圧の考え方[2)]

(ウ)　覆工自重

　自重は，覆工の図心線に沿って分布する鉛直方向下向きの荷重とし，一次覆工については，次式で算定する．**表-1.2.3**に覆工の単位体積重量を示す．

$$w_1 = \frac{W_1}{2\pi \cdot R_c}$$

(2.2.1)

ここに，　w_1　；　一次覆工自重による単位周長当たりの荷重（kN/m²）
　　　　　　W_1　；　一次覆工の単位長さあたりの自重（kN/m）
　　　　　　R_c　；　一次覆工の図心半径（m）

表-1.2.3　覆工の単位体積重量[2)]

単位体積重量 (kN/m³)	一次覆工			二次覆工	
	鉄筋コンクリート製セグメント	鋼製セグメント	合成セグメント	無筋コンクリート	鉄筋コンクリート
	26.0	77.0	26.0～31.0*	23.0	24.5

＊合成セグメントの単位体積重量は合成セグメントの種類によって異なるため実重量を用いるのがよい．

㈔　上載荷重の影響

　路面交通荷重，建物荷重，盛土荷重などによる上載荷重の影響は，覆工に作用する荷重の実際の状況を再現できるように載荷するものとし，土中の応力伝搬を考慮する．一般的に，路面交通荷重に関して，道路橋の設計で用いるT-25程度の荷重が満載されることを想定し，全土被り土圧の場合，トンネル頂部に $10\,\mathrm{kN/m^2}$ を，緩み土圧の場合，算定の際に $10\,\mathrm{kN/m^2}$ を考慮する．また，建物荷重の目安としては，$20\,\mathrm{kN/m^2/}$ 階が適用される．

㈺　地盤反力

　地盤反力の発生範囲，分布形状および大きさは，側方土圧係数および断面力の算定法との関連から定める．後述の慣用計算法では，鉛直土圧，水圧，覆工自重および上載荷重に対する鉛直方向の地盤反力は，地盤変位に独立であるとし，これらの荷重につり合う等分布荷重とする．また，トンネル側方に作用する水平方向の地盤反力は，セグメントリングの地盤側への変位に伴って発生するものとし，セグメントリングの水平直径に対して $45°$ の中心角の範囲に水平直径点を頂点とする三角形分布の荷重とする．その大きさは，水平直径点上の地盤反力がセグメントリングの地盤側への水平変位に比例するとして求める．一方で，はり－ばねモデルによる計算法では，地盤の変位に従属して定まる地盤反力をセグメントリングと地山の相互作用と位置づけ，地盤をばねにモデル化して評価している．**図-1.2.3**に地盤ばねモデルの例を示す．

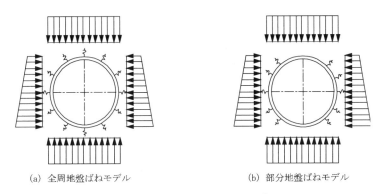

(a) 全周地盤ばねモデル　　　　　(b) 部分地盤ばねモデル

図-1.2.3　地盤ばねモデル[2]

㊞　施工時荷重ほか

　セグメントの設計にあたっては，地山条件，施工条件を考慮した
うえで，シールド施工時の各段階における施工時荷重に対して，セ
グメントの安定性，部材の安全性を確保する．対象となる検討項目
としては，Kセグメントの安定に関する検討，エレクター操作荷重
に対する検討，ジャッキ推力に対する検討，急曲線施工時の安定に
関する検討，裏込め注入圧に対する検討，テールシール注入圧に対
する検討などがある．

(3)　セグメントの材料

　セグメントに使用する材料は，文献2）の規格に適合するものを
標準とし，無筋および鉄筋コンクリートの材料については，文献
3）などの規定を参照する．

　セグメントに用いるコンクリートのヤング係数を**表-1.2.4**，鋼
材，鋳鋼，球状黒鉛鋳鉄およびPC鋼材のヤング係数を**表-1.2.5**に

それぞれ示す．また，材料のポアソン比は，**表-1.2.6**に示すとおりとする．

表-1.2.4 セグメントに用いるコンクリートのヤング係数[2]

設計基準強度 σ_{ck} (N/mm²)	42	45	48	51	54	57	60
ヤング係数 E_c (kN/mm²)	33	36	39	42	45	47	48

表-1.2.5 鋼，鋳鋼，球状黒鉛鋳鉄およびPC鋼材のヤング係数[2]

	ヤング係数 (kN/mm²)
鋼および鋳鋼 E_s	200
球状黒鉛鋳鉄 E_d	170
PC鋼材 E_p	195

表-1.2.6 ポアソン比[2]

	ポアソン比
コンクリート v_c	0.17
鋼および鋳鋼 v_s	0.30
球状黒鉛鋳鉄 v_d	0.27

⑷ 許容応力度

　セグメントに用いる材料の基本的な許容応力度を以下に示す．

㈎ セグメントのコンクリート

　セグメントに用いるコンクリートの許容応力度は，**表-1.2.7**のとおりとする．

表-1.2.7　セグメント用コンクリートの許容応力度 (N/mm^2)[2]

設計基準強度		σ_{ck}	42	45	48	51	54	57	60
許容曲げ圧縮応力度		σ_{ca}	16	17	18	19	20	21	22
基準の許容 せん断応力度	曲げによる せん断[*]	τ_a	0.73	0.74	0.76	0.78	0.79	0.81	0.82
許容付着応力度（異形鉄筋）		τ_0	2.0	2.1	2.1	2.2	2.2	2.3	2.3
許容支圧 応力度	全面載荷の 場合	σ_{ba}	15	16	17	18	19	20	21
	局部載荷の 場合[**]	σ_{ba}	$\sigma_{ba} \leq 1/2.8 \cdot \sigma_{ck}\sqrt{A/A_a}$ ただし $\sigma_{ba} \leq \sigma_{ck}$						

[*] τ_a は，セグメントの有効高さ $d = 20\,\mathrm{cm}$，引張鉄筋比 1% として算出したものであるので，以下により補正する.

① 有効高さおよび引張鉄筋比による補正

次式による係数 a を乗じて補正する.

$$a = \sqrt[3]{p_w} \times \sqrt[4]{20/d}$$

ここで，p_w：鉄筋比（%），d：有効高さ（cm）

ただし，$p_w \leq 3.3\%$，$\sqrt[3]{d} \geq 20\,\mathrm{cm}$，$d < 20\,\mathrm{cm}$ の場合は $d = 20\,\mathrm{cm}$ として求める.

② 許容せん断応力度の割増し

セグメントは，曲げモーメントと軸圧縮力が同時に作用しているので，次式による係数 βn を乗じて割増しする.

$$\beta n = 1 + M_0/M_d \leq 2$$

ここで，M_d：設計曲げモーメント，M_0：設計曲げモーメント M_d に対する引張縁において，軸力によって発生する応力を打ち消すのに必要な曲げモーメント.

[**] A は，コンクリートの支圧分布面積，A_a は支圧を受ける面積で**図-1.2.4**による.

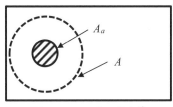

図-1.2.4　支圧分布[2]

（イ）　鉄筋

鉄筋の許容応力度は，**表-1.2.8**のとおりとする.

表-1.2.8　鉄筋の許容応力度 (N/mm^2) [2]

鉄筋の種類	SD 295 A, B	SD 345	SD 390
許容応力度	180	200	220

（ウ）　鋼材および溶接部

鋼材および溶接部の許容応力度は，**表-1.2.9**のとおりとする.

表-1.2.9　鋼材および溶接部の許容応力度 (N/mm^2) [2] を改変して転載

応力度の種別		鋼種	SS400 SM400 STK400				SM490 STK490				SM490Y SM520				SM570			
		記号	A				A,B				A,B,C				C			
		板厚	$t \leqq 16$	$16 < t \leqq 40$	$40 < t \leqq 75$	$75 < t \leqq 100$	$t \leqq 16$	$16 < t \leqq 40$	$40 < t \leqq 75$	$75 < t \leqq 100$	$t \leqq 16$	$16 < t \leqq 40$	$40 < t \leqq 75$	$75 < t \leqq 100$	$t \leqq 16$	$16 < t \leqq 40$	$40 < t \leqq 75$	$75 < t \leqq 100$
構造用鋼材	許容引張応力度	軸方向応力度	160	155	140	140	215	210	195	195	240	235	220	215	295	290	275	270
		曲げ応力度																
	許容圧縮応力度	軸方向応力度																
		曲げ応力度																
	許容せん断応力度	総断面につき	90	90	80	80	125	120	110	110	140	135	125	120	170	165	160	155
	許容支圧応力度	鋼板と鋼板	220	215	195	195	300	290	270	270	335	325	305	300	395	390	370	360
溶接部	工場溶接 開先溶接	許容引張応力度	160	155	140	140	215	210	195	195	240	235	220	215	295	290	275	270
		許容圧縮応力度																
		許容せん断応力度																
	工場溶接 すみ肉溶接	ビート方向の許容引張・圧縮応力度	160	155	140	140	215	210	195	195	240	235	220	215	295	290	275	270
		のど厚に関する許容引張・圧縮・せん断応力度	90	90	80	80	125	120	110	110	140	135	125	120	170	165	160	155
	現場溶接		上記の90％を原則とする.															

94

(エ)　ボルト

ボルトの許容応力度は，**表-1.2.10**のとおりとする．

表-1.2.10　ボルトの許容応力度 (N/mm^2) [2)]

応力度の種別＼鋼種	4.6	4.8	6.8	8.8	10.9
許容引張応力度	120	150	210	290	380
許容せん断応力度	90	100	150	200	270

(5)　セグメントの形状，寸法

セグメントリング外径の大きさは，トンネル内空と覆工厚（セグメント高さ，二次覆工厚）から決められる[2)]．

セグメントの高さ（厚さ）は，トンネル断面の大きさに対して，土質条件，土被りなど，主として荷重条件から決まる．一般的に，セグメントの厚さを外径比率4%以上，セグメント幅とセグメント厚さの比を7以下とした制限を目安とすることが多い[5)]．非標準のセグメントを採用する場合もこの制限値が参考になる．

セグメントの幅は，トンネル断面に応じて施工実績を勘案し，さらに構造，経済性，施工性を考慮したうえで決定する．特に，小規模立坑，小断面シールド，急曲線での適用では，セグメントの幅が支障となる場合も多く，施工性の配慮が必要になる．

セグメントリングの分割は，一般的に，数個のAセグメントと2個のBセグメント，および頂部付近で最後に組み立てるKセグメントからなる．国内実績では，セグメントリングの外径に応じて，大断面トンネルで6~10分割，中断面および小断面トンネルで5~7分

割になっており，外径が大きくなるにつれ，分割数も増加する．な
お，Kセグメントには，トンネル内面側から挿入する半径方向挿入
型とトンネルの切羽側から挿入する軸方向挿入型がある．半径方向
挿入型は継手角度，軸方向挿入型は挿入角度を有しており，組立て
完了後，セグメントリングに軸圧縮力が卓越する条件の場合，Kセ
グメントが挿入方向と反対側に抜け出す危険性がある．よって，継
手角度，挿入角度の設定は，継手に作用するせん断力や摩擦力など，
種々条件を勘案のうえ慎重に設定する必要がある．

(6) セグメントの構造計算

　構造計算は，横断方向と縦断方向に分けて行うものとし，施工途
中の各段階および完成後の状態に対して，安全側となるように行う[2]．
　トンネル横断面の構造計算で考慮する作用は，設計の対象となる
区間の最も不利な条件をもとに定める．シールドトンネルを構成す
るセグメントリングは，通常，セグメントをボルトなどの継手で連
結して組み立てられるため，セグメント主断面と同じ剛性をもつ剛
性一様なリングと比べて変形しやすい．よって，トンネル縦断方向
にもボルト継手を用いて連結し，千鳥組による添接効果を期待する
場合が多い．セグメントリングの構造モデルを継手部分の剛性の力
学的な取扱いによって分類すると次のとおりとなる．

(ア)　セグメントリングを曲げ剛性一様リングと考える方法

　(ア)-1　完全剛性一様リング

　セグメント継手部分の曲げ剛性の低下を考慮せずに，セグメント
リングは全周にわたって一様にセグメント主断面と同一の曲げ剛性
をもつ，曲げ剛性一様リング（完全剛性一様リング）と考える方法

である．この方法には，理論解により断面力を簡便に算定するため，慣用的な荷重系を用いる方法（慣用計算法）と任意の荷重系を作用させ平面骨組み解析により断面力を算定する方法がある．

　(ア)-2　平均剛性一様リング

　継手の存在による曲げ剛性の低下をリング全体の平均的な曲げ剛性の低下として評価し，セグメントリングの曲げ剛性を ηEI（曲げ剛性の有効率 $\eta \leqq 1$）の一様なリング（平均剛性一様リング）と考える方法である．千鳥組による曲げモーメント配分（添接効果）を考慮するため，算定された断面力のうち，曲げモーメントを ζ（曲げモーメントの割増し率 $\zeta \leqq 1$）だけ増減して，$(1 + \zeta) M$ を主断面，$(1 - \zeta) M$ をセグメント継手の設計用曲げモーメントとして，応力度照査を行う．この方法には，①の方法と同様に，慣用的な荷重系を用いる方法（修正慣用計算法）と平面骨組み解析を用いる方法とがある．

　(イ)　セグメントリングを多ヒンジ系リングと考える方法

　比較的良好な地山を対象として用いられる計算法である．セグメントリングは，セグメント継手位置を千鳥配置にせず，トンネル縦断方向に通して，いも継ぎとなるように組み立てられ，トンネルの変形に伴う地盤反力を期待して構造体としての安定性を持たせる．セグメント継手をヒンジ構造として計算する方法を多ヒンジ系リング計算法と称している．

　(ウ)　セグメントリングを弾性のはり部材とばねでモデル化する方法

　セグメント主断面を弾性の円弧ばり，または直線ばりで，セグメント継手を回転ばねで，リング継手をせん断ばねでモデル化して継手の曲げ剛性の低下および千鳥組による添接効果を評価する計算

法である（はり‐ばねモデル計算法）．セグメントリングに発生する断面力の算定では，トンネルの用途，地山の状況，対象とする作用，セグメント構造，要求される解析精度，要求される安全性の照査項目など，各種条件を十分比較検討したうえで，適切な方法を採用する必要がある．**図-1.2.5**にセグメントリングの構造モデルの概念図，**図-1.2.6**に横断方向の断面力計算に用いる荷重系の例，**表-1.2.11**に各計算法と適用可能な荷重系との関係を示す．また，**表-1.2.12**に慣用計算法および修正慣用計算法によるセグメントの断面力の計算式を示す．また，**図-1.2.7**に慣用計算法および修正慣用計算法で用いられる荷重系を示す．

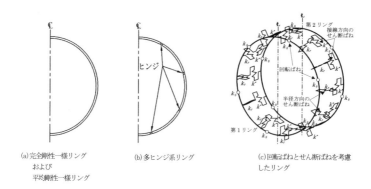

(a)完全剛性一様リング
および
平均剛性一様リング

(b)多ヒンジ系リング

(c)回転ばねとせん断ばねを考慮したリング

図-1.2.5　セグメントリングの構造モデル[2]

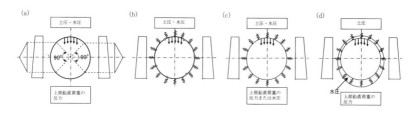

図-1.2.6　横断方向の断面力計算に用いる荷重系[2]

表 - 1.2.11　**各計算法と適用可能な荷重系との関係**[2] を改変して転載

計算法	適用可能な荷重系 (**図 - 1.2.7**)
慣用計算法	(a)
修正慣用計算法	(a)
平面骨組み解析による計算法	(b), (c), (d) 他
はり－ばねモデルによる計算法	(b), (c), (d) 他
多ヒンジ系リング計算法	(b), (c)

表-1.2.12 慣用計算法および修正慣用計算法によるセグメントの断面力の計算式[4)]

荷重	曲げモーメント	軸力	せん断力
鉛直荷重 $(p_{e1}+p_{w1})$	$M=\dfrac{1}{4}(1-2\sin^2\theta)(p_{e1}+p_{w1})R_c^2$	$N=(p_{e1}+p_{w1})R_c\cdot\sin^2\theta$	$Q=-(p_{e1}+p_{w1})R_c\cdot\sin\theta\cdot\cos\theta$
水平荷重 $(q_{e1}+q_{w1})$	$M=\dfrac{1}{4}(1-2\cos^2\theta)(q_{e1}+q_{w1})R_c^2$	$N=(q_{e1}+q_{w1})R_c\cdot\cos^2\theta$	$Q=-(q_{e1}+q_{w1})R_c\cdot\sin\theta\cdot\cos\theta$
水平三角荷重 $(q_{e2}+q_{w2}-q_{e1}-q_{w1})$	$M=\dfrac{1}{48}(6-3\cos\theta-12\cos^2\theta+4\cos^3\theta)(q_{e2}+q_{w2}-q_{e1}-q_{w1})R_c^2$	$N=\dfrac{1}{16}(\cos\theta+8\cos^2\theta-4\cos^3\theta)(q_{e2}+q_{w2}-q_{e1}-q_{w1})R_c^2$	$Q=\dfrac{1}{16}(\sin\theta+8\sin\theta\cdot\cos\theta-4\sin\theta\cdot\cos^2\theta)(q_{e2}+q_{w2}-q_{e1}-q_{w1})R_c$
地盤反力 $(q_r=k\cdot\delta)$	$0\leqq\theta<\dfrac{\pi}{4}$の場合 $M=(0.2346-0.3536\cos\theta)k\cdot\delta\cdot R_c^2$ $\dfrac{\pi}{4}\leqq\theta\leqq\dfrac{\pi}{2}$の場合 $M=(-0.3487+0.5\sin^2\theta+0.2357\cos^3\theta)k\cdot\delta\cdot R_c^2$	$0\leqq\theta<\dfrac{\pi}{4}$の場合 $N=0.3536\cos\theta\cdot k\cdot\delta\cdot R_c$ $\dfrac{\pi}{4}\leqq\theta\leqq\dfrac{\pi}{2}$の場合 $N=(-0.7071\cos\theta+\cos^2\theta+0.7071\sin^2\theta\cdot\cos\theta)k\cdot\delta\cdot R_c$	$0\leqq\theta<\dfrac{\pi}{4}$の場合 $Q=0.3536\sin\theta\cdot k\cdot\delta\cdot R_c$ $\dfrac{\pi}{4}\leqq\theta\leqq\dfrac{\pi}{2}$の場合 $Q=(\sin\theta\cdot\cos\theta-0.7071\cos^2\theta\cdot\sin\theta)k\cdot\delta\cdot R_c$
自重 $(P_{g1}=\pi g_1)$	$0\leqq\theta<\dfrac{\pi}{2}$の場合 $M=\left(\dfrac{3}{8}\pi-\theta\cdot\sin\theta-\dfrac{5}{6}\cos\theta\right)g\cdot R_c^2$ $\dfrac{\pi}{2}\leqq\theta\leqq\pi$の場合 $M=\left\{-\dfrac{1}{8}\pi+(\pi-\theta)\sin\theta-\dfrac{5}{6}\cos\theta-\dfrac{1}{2}\pi\sin^2\theta\right\}g\cdot R_c^2$	$0\leqq\theta<\dfrac{\pi}{2}$の場合 $N=\left(\theta\cdot\sin\theta-\dfrac{1}{6}\cos\theta\right)g\cdot R_c$ $\dfrac{\pi}{2}\leqq\theta\leqq\pi$の場合 $N=\left(-\pi\sin\theta+\theta\cdot\sin\theta+\pi\sin^2\theta-\dfrac{1}{6}\cos\theta\right)g\cdot R_c$	$0\leqq\theta<\dfrac{\pi}{2}$の場合 $Q=-\left(\theta\cdot\cos\theta+\dfrac{1}{6}\sin\theta\right)g\cdot R_c$ $\dfrac{\pi}{2}\leqq\theta\leqq\pi$の場合 $Q=\left\{(\pi-\theta)\cos\theta-\pi\sin\theta\cdot\cos\theta-\dfrac{1}{6}\sin\theta\right\}g\cdot R_c$
セグメントリングの水平直径点の水平方向の変位(δ)	セグメントの自重による地盤反力を考慮しない場合 $\delta=\dfrac{\{2(p_{e1}+p_{w1})-(q_{e1}+q_{w1})-(q_{e2}+q_{w2})\}R_c^4}{24(\eta\cdot EI+0.0454k\cdot R_c^4)}$ ……… 式 i) セグメント自重による地盤反力を考慮する場合 $\delta=\dfrac{\{2(p_{e1}+p_{w1})-(q_{e1}+q_{w1})-(q_{e2}+q_{w2})+\pi g_1\}R_c^4}{24(\eta\cdot EI+0.0454k\cdot R_c^4)}$ ……… 式 ii) EI：単位幅あたりの曲げ剛性		

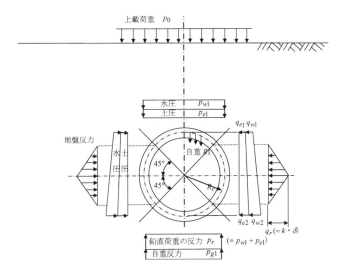

図 - 1.2.7　慣用計算法および修正慣用計算法で用いられる荷重系 [4]

　以下に，鉄筋コンクリート製セグメントによる部材の設計手法を示す．

① 　主断面の許容応力度による設計

i)　曲げモーメントおよび軸力に対する設計

　鉄筋コンクリート平板形セグメントの主断面の概念図を**図 -1.2.8**に示す．この断面に曲げモーメントおよび軸力が発生するときの応力度の計算は，この断面に生じる応力度状態が全断面圧縮

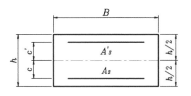

図 - 1.2.8　複鉄筋矩形断面 [4]

状態になる場合と曲げ引張応力が生じる場合によって異なり，次式によりどちらの場合になるか判別する [2]．

$$K_i = \frac{I_i}{A_i(h-u)}$$

$$f = u - \left(\frac{h}{2} - e\right)$$

$$K_i \geq f : \text{全断面圧縮状態}$$

$$K_i < f : \text{曲げ引張状態}$$

$$\tag{1.2.1}$$

ここに, $A_i = Bh + n(A_s + A'_s)$ $\qquad\qquad$ (1.2.2)

$\qquad u = \{(1/2)Bh^2 + n(A_s d + A'_s d')\}/A_i$ $\qquad$ (1.2.3)

$\qquad I_i = B\{u^3 + (h-u)^3\}/3 + n\{A_s(d-u)^2 + A'_s(u-d')^2\}$ $\qquad$ (1.2.4)

$\qquad e = M/N$ $\qquad\qquad$ (1.2.5)

$\quad K$ ： 換算等値断面の N に近い側のコア距離 (mm)

$\quad f$ ： 換算等値断面の図心から軸力の作用位置までの距離 (mm)

$\quad M$ ： 設計用曲げモーメント (Nmm)

$\quad N$ ： 設計用軸力 (N)

$\quad e$ ： 断面の図心から軸力の重心位置までの距離 (mm)

$\quad A$ ： 換算等値断面積 (mm^2)

$\quad B$ ： セグメント幅 (mm)

$\quad h$ ： セグメント長さ (mm)

$\quad n$ ： 鉄筋とコンクリートのヤング係数比 (n = 15)

$\quad A_s$ ： 引張鉄筋の断面積 (mm^2)

$\quad A'_s$ ： 圧縮鉄筋の断面積 (mm^2)

$\quad d$ ： 引張鉄筋の有効高さ (mm)

$\quad d'$ ： 圧縮鉄筋の有効高さ (mm)

$\quad I_i$ ： 換算等値断面積の断面二次モーメント (mm^4)

$\quad u$ ： 軸力側の縁端から換算等値断面の図心までの距離 (mm)

a) 主断面が全断面圧縮状態となる場合の設計 ($K_i \geq f$)

図-1.2.9 に主断面の応力状態を示す. この場合, コンクリート

に生じる曲げ圧縮応力度は，次式で示される[2].

$$\sigma_c = \frac{N}{A_i} + \frac{M}{I_i}\, u \le \sigma_{ca}$$

(1.2.6)

$$\sigma'_c = \frac{N}{A_i} + \frac{M}{I_i}\,(h-u) \le \sigma'_{ca}$$

(1.2.7)

ここに，　　　σ_{ca} ；　コンクリートの許容曲げ圧縮応力度（N/mm²）

σ_c ；　コンクリートの最大圧縮応力度（N/mm²）

σ'_c ；　コンクリートの最小圧縮応力度（N/mm²）

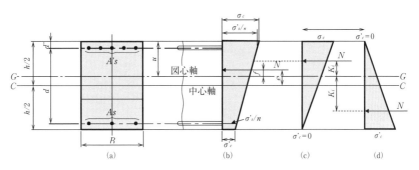

図-1.2.9　全断面圧縮状態（$K_i \geqq f$）[4]

b)　主断面に曲げ引張応力が生じる場合の設計（$K_i < f$）

図-1.2.10 に主断面の応力状態を示す．この場合，コンクリート
および鉄筋に生じる曲げ引張応力度は，次式で示される[2]．引張応
力が生じる断面においては，一般にコンクリートの引張応力度を無
視し，維ひずみは断面の中立軸から距離に比例すると仮定する．

$$x^3 - 3\,(h/2 - e)\;x^2 + (6\,n/B)\,\{A_s\,(e+C) + A'_s\,(e+C')\}x$$
$$-\,(6\,n/B)\,\{A_s\,(e+C)\,(C+h/2) + A'_s\,(e+C')\,(h/2-C')\} = 0$$

$$(1.2.8)$$

$$\sigma_c = \cfrac{M}{Bx/2\,(h/2-x/3) + (nA'_s/x)\,C'(C'-h/2+x) + (nA_s/x)C\!\left(C+\cfrac{h}{2}\,x\right)} \leq \sigma_{ca}$$

$$(1.2.9)$$

$$\sigma_s = \frac{n\sigma_c}{x}\left(C+\frac{h}{2}-x\right) \leq \sigma_{sa}$$

$$(1.2.10)$$

$$\sigma'_s = \frac{n\sigma_c}{x}\left(C'+\frac{h}{2}-x\right) \leq \sigma'_{sa}$$

$$(1.2.11)$$

ここに，　　x；　圧縮縁側から中立軸までの距離（mm）

　　　　　　C；　セグメント厚さの中心から引張鉄筋までの距離（mm）

　　　　　　C'；　セグメント厚さの中心から圧縮鉄筋までの距離（mm）

　　　　　σ_{sa}；　鉄筋の許容引張応力度（N/mm^2）

　　　　　σ'_{sa}；　鉄筋の許容圧縮応力度（N/mm^2）

　　　　　σ_s；　鉄筋の引張応力度（N/mm^2）

　　　　　σ'_s；　鉄筋の圧縮応力度（N/mm^2）

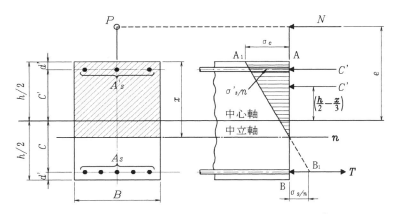

図-1.2.10　曲げ引張応力が発生する状態 $(K_i < f)$ [4]

ii)　せん断力に対する設計

　せん断力に対する設計は，トンネル横断面の構造計算で求められ
た最大せん断力を用いて，次式により算定する[2].

$$\tau = \frac{Q}{bd} \leq \tau_a$$

(1.2.12)

ここに，　　Q　：　最大せん断力 (N)
　　　　　　b　：　矩形断面にあっては全幅，T形断面にあっては腹部の
　　　　　　　　　　幅 (mm)
　　　　　　d　：　有効高さ (mm)
　　　　　　τ_a　：　コンクリートの許容せん断応力度 (N/mm^2)

　　一般の円形トンネルで引張鉄筋比が1％以下程度であれば，通常，
せん断応力がコンクリートの許容せん断応力度を超えることはほと
んどない．ただし，せん断応力度が許容せん断応力度を超える場合

には，次式を用いて算定した所要のスターラップを配置する．

$$A_v = \frac{Q_v \cdot s}{\sigma_{sa} \cdot d}$$

(1.2.13)

$$Q_v \geq Q - Q_c$$

(1.2.14)

$$Q_c = \frac{h}{2}\tau_a bd$$

(1.2.15)

ここに，　　A_v　：　区間sにおけるスターラップの総断面積（mm²）
　　　　　　s　：　スターラップの間隔（mm）
　　　　　　Q_v　：　スターラップが受け持つせん断力（N）
　　　　　　Q_c　：　コンクリートが受け持つせん断力（N）

② セグメント継手の許容応力度による設計

セグメント継手に作用する断面力を**図-1.2.11**に示す．

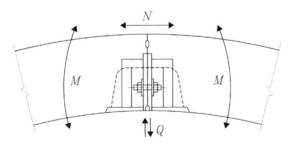

図-1.2.11 コンクリート系セグメントの継手部の断面力[4]

i) 慣用計算法による設計

慣用計算法では，継手の断面性能をセグメント主断面の抵抗モー

メントから決定する．一般的に，外径 1,800 mm ～ 6,000 mm まで
の継手の許容モーメントがセグメント主断面の抵抗モーメントの
60 ％以上としており[5]，**図-1.2.12** に示す主断面の抵抗モーメント
を次式により算定する[2]．

$$x = -\frac{n(A_s+A'_s)}{B} + \sqrt{\left\{\frac{n(A_s+A'_s)}{B}\right\}^2 + \frac{2n}{B}(A_s d + A'_s d')}$$

$$(1.2.16)$$

$$M_{rc} = \left\{\frac{Bx}{2}\left(d-\frac{x}{3}\right) + nA'_s\frac{x-d'}{x}(d-d')\right\}\sigma_{ca}$$

$$(1.2.17)$$

$$M_{rs} = \frac{\left\{\frac{Bx}{2}\left(d-\frac{x}{3}\right) + nA_s\frac{x-d'}{x}(d-d')\right\}x}{n(d-x)}$$

$$(1.2.18)$$

ここに，　M_{rc} ： コンクリートが許容応力度に達する抵抗モーメント（kNm）
M_{rs} ： 引張鉄筋が許容応力度に達する抵抗モーメント（kNm）
B ： セグメント幅（mm）
h ： セグメント厚さ（mm）
n ： ヤング係数比（n = 15）
E_s ： 鉄筋のヤング係数（N/mm^2）
E_c ： コンクリートのヤング係数（N/mm^2）
A_s ： 引張鉄筋の断面積（mm^2）
A'_s ： 圧縮鉄筋の断面積（mm^2）
d ： 引張鉄筋の有効高さ（mm）
d' ： 圧縮鉄筋の有効高さ（mm）
x ： 圧縮縁側から中立軸までの距離（mm）
σ_{ca} ： コンクリートの許容応力度（N/mm^2）
σ_{sa} ： 鉄筋の許容応力度（N/mm^2）

主断面の抵抗モーメントM_rは，M_{rc}もしくはM_{rs}の小さい方の抵抗モーメントとする．

継手断面の抵抗モーメントは，**図-1.2.13**に示すとおり，ボルト継手構造の場合，次式により算定する[2]．

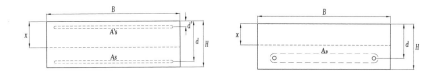

図-1.2.12　主断面[4] 　　　　**図-1.2.13　継手断面**[4]

$$x = \frac{nA_B}{B}\left(-1 + \sqrt{1 + \frac{2Bd}{nA_B}}\right)$$

(1.2.19)

$$M_{jrc} = \frac{1}{2} \cdot Bx\left(d - \frac{x}{3}\right) \cdot \sigma_{ca}$$

(1.2.20)

$$M_{jrb} = A_B \cdot \left(d - \frac{x}{3}\right) \cdot \sigma_{Ba}$$

(1.2.21)

ここに，　M_{jrc}　：コンクリートが許容応力度に達する抵抗モーメント（kNm）

　　　　　M_{jrb}　：ボルトが許容応力度に達する抵抗モーメント（kNm）

　　　　　A_B　：ボルトの断面積（mm^2）

　　　　　d　：ボルトの有効高さ（mm）

　　　　　x　：圧縮縁側から中立軸までの距離（mm）

　　　　　σ_{ca}　：コンクリートの許容応力度（N/mm^2）

　　　　　σ_{Ba}　：ボルトの許容応力度（N/mm^2）

108

継手断面の抵抗モーメントM_{jr}は，M_{jrc}もしくはM_{jrb}の小さい方の抵抗モーメントとし，その値は，主断面の抵抗モーメントの60％の許容モーメント以上とする．よって，M_{jr}とM_rの関係は，次式で表される．

$$0.6M_r \leq M_{jr} \qquad (1.2.22)$$

ii）　修正慣用計算法，およびはり－ばねモデル計算法による設計

a）　曲げモーメントおよび軸力に対する設計

ボルトに作用する力は，**図**-1.2.14に示すとおり，セグメント継ぎボルトを引張鉄筋とみなした鉄筋コンクリート断面とし，曲げモーメントおよび軸力を受ける単鉄筋矩形断面として算定する．よって，継手部が全断面圧縮応力状態にあるか，または，曲げ引張応力が発生する状態であるかを次式で判別する．

$$e \leq K$$

（全断面圧縮状態）　（1.2.23）

$$e > K$$

（曲げ引張応力が発生する状態）（1.2.24）

ここに，　e　=　M/N

　　　K　；　断面のコア（mm）　$K = h/6$

　　　M　；　設計用曲げモーメント（Nmm）

　　　N　；　設計用軸力（N）　Mの位置での軸力

　　　e　；　断面の図心から軸力の重心位置までの距離（mm）

　　　h　；　セグメント厚さ（mm）

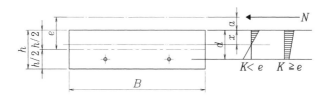

図-1.2.14　単鉄筋矩形断面 [4]

　全断面圧縮応力状態の場合（$K \geqq e$），継手面は全断面圧縮状態になるため，継手面に生じる応力度は，次式により算定する [2].

$$\sigma_c = N/(B \cdot h) + 6M(B \cdot h^2) \leq \sigma_{ca} \qquad (1.2.25)$$

$$\sigma'_c = N/(B \cdot h) - 6M(B \cdot h^2) \leq \sigma'_{ca} \qquad (1.2.26)$$

　曲げ引張応力度が生じる場合（$K < e$），継手面のボルトに引張力が作用する．この場合，継手面のコンクリートに生じる圧縮応力度，およびボルトの引張応力度は，次式により算定する．ただし，ボルトが2段配置されている場合は，引張縁側ボルトのみを考慮する．

$$\sigma_c = \frac{nx}{\dfrac{Bx^2}{2} - nA_s(d-x)} \leq \sigma_{ca}$$

$$(1.2.27)$$

$$\sigma_B = \frac{n\sigma_c(d-x)}{x} \leq \sigma_{Ba}$$

$$(1.2.28)$$

ここに，　$a = e - H/2$

$$x^3 + 3a \cdot x^2 + 6n \cdot A_B (a+d) x/B - 6n \cdot A_B \cdot d (a+d)/B = 0$$

(1.2.29)

σ_c　：　継手面のコンクリートの圧縮応力度（N/mm²）

σ_B　：　ボルトの引張応力度（N/mm²）

n　：　ヤング係数比（$n = 15$）

A_B　：　ボルトの有効断面積（mm²）

d　：　有効高さ（mm）

B　：　セグメント幅（mm）

b)　せん断力に対する設計

せん断力に対する設計では，設計用せん断力に対して，セグメント継ぎボルトが有効に抵抗するものとして，次式により算定する[2].

$$\tau_B = \frac{Q_k}{n_B \cdot A_{B2}} \leq \tau_{Ba}$$

(1.2.30)

ここに，　Q_k　：　設計用せん断力（N）

A_{B2}　：　ボルト軸断面積（mm²）

τ_B　：　ボルトの設計せん断応力度（N/mm²）

τ_{Ba}　：　ボルトの許容せん断応力度（N/mm²）

③　ジャッキ推力に対する設計

シールドジャッキ推力に対するセグメントの応力度計算は，**図-1.2.15**に示す考え方にもとづき，次式により行う[2]．ジャッキ推力は，施工時の一時的な荷重であるため，許容応力度設計法で照査する場合は，コンクリートの許容圧縮応力度を50％割増す．なお，ジャッキの重心とセグメント図心の半径方向の基本偏心量は，

10mmとすることが多い.

$$\sigma_{max} = P\left(\frac{1}{A_0} \pm e\,\frac{h/2}{I'}\right)\sigma_{ca}$$

(1.2.31)

ここに,　　P　：　ジャッキ1本あたりの推力(N)
　　　　　A_0　：　スプレッダーシューに接するセグメントの面積(mm²)
　　　　　e　：　ジャッキ重心とセグメント図心の半径方向偏心距離(mm)
　　　　　I'　：　スプレッダーシューの幅(mm) におけるセグメントの断面二次モーメント(mm⁴)

図-1.2.15　ジャッキ推力の算定[4]

④　主断面の終局限界状態による設計

　曲げモーメント,　軸力に対する安全性の照査,　せん断力に対する安全性の照査を行う.

i)　曲げモーメントおよび軸力に対する安全性の照査

　曲げモーメントおよび軸力を受けるコンクリート系セグメントの設計断面耐力の算定は,　以下の仮定に基づいて行う.

　1)　維ひずみは,　断面の中立軸からの距離に比例する.

　2)　コンクリートの引張応力は無視する.

　3)　コンクリートの応力－ひずみ曲線は,　序章 3.設計手法 3.2.部

材の照査方法（4）安全性の照査の**図-3.2.4**によることを原則
とする.

4）　鋼材の応力－ひずみ曲線は，序章 3.設計手法 3.2.部材の照
　　査方法（4）安全性の照査の**図-3.2.5**によることを原則とする.

なお，部材断面のひずみがすべて圧縮となる場合以外は，コンク
リートの圧縮応力度の分布を序章 3.設計手法 3.2.部材の照査方法
（4）安全性の照査の**図-3.2.7**に示す等価応力ブロックとして評価
してもよい.

長方形部材において，軸方向力$N_{d'}$が作用し，圧縮鉄筋が配置さ
れている場合で，コンクリートの圧縮応力度の分布を等価応力ブ
ロックと仮定した際の，曲げ耐力M_uの算定方法は，以下のとおり
となる.

a）　中立軸の位置xを仮定し，圧縮縁側のコンクリートひずみを
　　次式で仮定し，1）の仮定により部材断面のひずみ分布を算
　　定する.

$$\varepsilon'_{cu} = \left(155 - f'_{ck}\right) / 30{,}000 \tag{1.2.32}$$

b）　部材断面のひずみ分布を用いて，コンクリートの圧縮応力
　　分布を序章 3.設計手法 3.2.部材の照査方法（4）安全性の照
　　査の**図-3.2.7**に示した等価応力ブロック（矩形応力分布）と仮
　　定し，コンクリートの圧縮応力度の合力C'を，また，4）の
　　仮定より引張鋼材の合力T_{st}と圧縮鋼材の合力T'_{sc}を次式に
　　より算定する.

$$C' = kl \cdot f'_{cd} \cdot b \cdot x \tag{1.2.33}$$

$$T_{st} = A_{st} \cdot f_{syd} \tag{1.2.34}$$

$$T'_{sc} = A_{sc} \cdot E_s \cdot \frac{x - d_c}{x} \cdot \varepsilon'_{cu} \leq A_{sc} \cdot f_{syd}$$

$$(1.2.35)$$

ここに， C' ： コンクリートの圧縮応力度の合力（N）

T_{st} ： 引張鋼材の合力（N）

T'_{sc} ： 圧縮鋼材の合力（N）

$$kl = 1 - 0.003f'_{ck} \tag{1.2.36}$$

b ： 部材幅（mm）

f'_{cd} ： コンクリートの設計圧縮強度（N/mm²）

$$f'_{cd} = f'_{ck} / \gamma_c \tag{1.2.37}$$

γ_c ： コンクリートの材料係数（1.2）

f_{syd} ： 鋼材の設計降伏強度（N/mm²）

$$f'_{syd} = f_{sy} / \gamma_s \tag{1.2.38}$$

f_{sy} ： 鋼材の降伏強度（N/mm²）

γ_s ： 鋼材の材料係数（1.0）

A_{st} ： 引張鋼材の断面積（mm²）

A_{sc} ： 圧縮鋼材の断面積（mm²）

E_s ： 鋼材のヤング係数（N/mm²）

x ： 圧縮縁から中立軸までの距離（mm）

d_c ： 圧縮縁から圧縮鋼材までの距離（mm）

d ： 圧縮縁から引張鋼材までの距離（mm）

c) 部材断面内の力のつりあい条件は，次式で表される．

$$N'_d = C' + T'_{sc} - T_{st} \tag{1.2.39}$$

ここに， N'_d ： 設計軸方向力（N）

式（1.2.39）は，中立軸の位置xを未知数とする二次方程式となり，中立軸の位置が求まれば，C'，T_{st}，T'_{sc}を算定することができる[2]．

d)　曲げ耐力 M_u は，次式により算定する.

$$M_u = C' \left(d - e - \frac{1}{2} \cdot \beta \cdot x \right) + T'_{sc} \cdot (d - e - d_c) + T_{st} \cdot e \tag{1.2.40}$$

ここに，　　　　　　　$\beta = 0.52 + 80 \cdot e'_{cu}$ 　　　　　　　　　(1.2.41)
　　　　　e ;　図心軸から引張鋼材のまでの距離（mm）

これにより，設計曲げ耐力および設計軸方向耐力は，次式で算定される.

$$M_{ud} = \frac{M_u}{\gamma_b} \tag{1.2.42}$$

$$N'_{ud} = \frac{N'_d}{\gamma_b} \tag{1.2.43}$$

ここに，　M_{ud} ;　設計曲げ耐力（Nm）
　　　　　M_u ;　曲げ耐力（Nm）
　　　　　N'_{ud} ;　設計軸方向耐力（N）
　　　　　N'_d ;　設計軸方向力
　　　　　γ_b ;　部材係数（1.1）

設計軸力 N'_d と設計曲げモーメント M_d が同時に作用する場合の安全性の照査は，軸力 N が一定または曲げモーメント M と軸力 N の比が一定の条件下で，次式を用いる[2].

$$\gamma_i \cdot \frac{M_d}{M_{ud}} \le 1.0 \qquad (1.2.44)$$

ここに，　γ_i ；　構造物係数（1.0~1.3）

　また，式（1.2.42），式（1.2.43）で求めた設計曲げ耐力M_{ud}と軸方向耐力N'_{ud}の関係は，**図-1.2.16**に示す曲線で求められる．これにより，軸力および曲げモーメントに対する安全性の検討は，構造解析により算定した主断面に生じる設計軸力N'_dと設計曲げモーメントM_dの組合わせに構造物係数γ_iを乗じた各点$\gamma_i M_d$，$\gamma_i N'_d$が，M_{ud}，N'_{ud}曲線の内側，つまり原点側の領域に入ることを確認することで照査できる．

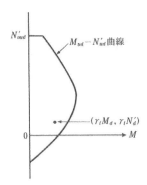

図-1.2.16　軸方向耐力と曲げ耐力の関係[4]

ii)　せん断力に対する安全性の照査

　せん断力を受けるセグメントの設計せん断耐力V_{yd}は，次式により算定する[2]．

$$V_{yd} = V_{cd} + V_{Sd} \qquad (1.2.45)$$

ここに，　　V_{cd} ；　せん断補強鋼材を用いない棒部材のせん断耐力

$$V_{cd} = \beta_d \cdot \beta_p \cdot \beta_n \cdot f_{vcd} b_w d / \gamma_b \tag{1.2.46}$$

$$f_{vcd} = 0.20\sqrt[3]{f'_{cd}}\,(\mathrm{N/mm^2}) \text{ ただし，} f_{vcd} \leq 0.72\,(\mathrm{N/mm^2}) \tag{1.2.47}$$

$$\beta_d = \sqrt[4]{1/d} \qquad \text{ただし，} \beta_d > 1/5 \text{となる場合は1.5とする} \tag{1.2.48}$$

$$\beta_p = \sqrt[3]{100\,P_w} \qquad \text{ただし，} \beta_p > 1/5 \text{となる場合は1.5とする} \tag{1.2.49}$$

$$\beta_n = 1 + M_0/M_d \;(N'_d \geqq 0 \text{の場合})$$
$$\text{ただし，} \beta_n > 2 \text{となる場合は2とする} \tag{1.2.50}$$

$$\beta_n = 1 + M_o/M_d \;(N'_d < 0 \text{の場合})$$
$$\text{ただし，} \beta_n < 0 \text{となる場合は0とする} \tag{1.2.51}$$

N'_d 　　；　設計軸圧縮力（kN）

M_d 　　；　設計曲げモーメント（Nmm）

M_0 　　；　設計曲げモーメント M_d に対する引張縁において，軸力によって発生する応力を打消すのに必要な曲げモーメント（Nmm）

B_w 　　；　腹部の幅（mm）

D 　　；　有効高さ（mm）

$$P_w = A_s / (b_w \cdot d) \tag{1.2.52}$$

A 　　；　引張側鋼材の断面積（mm²）

f'_{cd} 　　；　コンクリートの設計圧縮強度（N/mm²）

γ_b 　　；　部材係数（1.3）

V_{Sd} 　　；　せん断補強鋼材により受け持たれる設計せん断耐力（kN）

$$V_{Sd} = (A_w \cdot f_{wyd} \cdot Z) / (S_s / \gamma_b) \tag{1.2.53}$$

A_w 　　；　区間 S_s におけるせん断補強鋼材の総断面積（mm²）

f_{wyd} 　　；　せん断補強鋼材の設計降伏強度で400N/mm²以下とする．ただし，コンクリート圧縮強度の特性値 f'_{ck} が60N/mm²以上のときは，800N/mm²以下としてよい．

S_s 　　；　せん断補強鋼材の配置間隔（mm）

Z 　　；　圧縮応力の合力の作用位置から引張鋼材図心までの距離（mm）で，一般に $z = d/1.15$ としてよい．

γ_b 　　；　部材係数（1.1）

　　主断面に対するせん断力の照査は，次式のとおり，構造解析によって算定された設計せん断力 V_d に構造物係数 γ_i を乗じた値が設

計せん断耐力 V_{ud} より小さいことを確認する.

$$\gamma_i \cdot \frac{V_d}{V_{ud}} \leq 1.0$$

(1.2.54)

⑤　継手部の終局限界状態による設計

　セグメント継手の終局限界状態による設計は，構造解析により算定された応答値の設計値 S_d に対し，限界値の設計値である継手部の設計断面耐力 R_d を算定し，応答値の限界値に対する比に構造物係数 γ_i を乗じた値が1.0以下となることを確認する．また，リング継手の終局限界状態の照査は，構造解析により算定された設計せん断力 Q_d に構造物係数 γ_i を乗じた値が，継手の設計せん断耐力 Q_{ud} よりも小さいことを確認する．

　なお，リング継ぎボルトの設計せん断耐力の算定法は，次式による．

$$Q_{Bu} = \frac{f_{Bvyk}}{\gamma_m} \cdot A_B$$

(1.2.55)

ここに，　Q_{Bu} ：ボルトのせん断耐力 (N)
　　　　　f_{Bvyk} ：ボルトのせん断降伏強度の特性値 (N/mm²)
　　　　　γ_m ：ボルトの材料係数 (1.05)
　　　　　A_B ：ボルトのせん断面における有効断面積 (mm²)

　これより，ボルトの設計せん断耐力は，次式により算定する．

$$Q_{Bud} = \frac{Q_{Bu}}{\gamma_b}$$

(1.2.56)

　　ここに，　Q_{Bud} ：ボルトの設計せん断耐力
　　　　　　　γ_b ：部材係数 (1.15)

　コンクリートのせん断破壊が先行する場合のリング継手の設計せん断耐力の算定法は，次式による．

$$Q_{cu} = \frac{f_{tk}}{\gamma_c} A_{cj}$$

(1.2.57)

　　ここに，　Q_{cu} ：継手部のコンクリートせん断耐力 (N)
　　　　　　　f_{tk} ：コンクリートの引張強度の特性値 (N/mm^2)
　　　　　　　γ_c ：コンクリートの材料係数 (1.2)
　　　　　　　A_{cj} ：1 継手あたりの破壊面の投影面積 (mm^2)

$$Q_{cud} = \frac{Q_{cu}}{\gamma_b}$$

(1.2.58)

　　ここに，　Q_{cud} ：継手部のコンクリートのせん断耐力
　　　　　　　γ_b ：部材係数 (1.15)

⑥　主断面および継手の使用限界状態による設計
　主断面および継手部の応力度の算定方法は，①〜③に示した方法で算定するものとし，セグメントに用いるコンクリートの曲げ圧縮応力度および軸圧縮応力度の制限値は，永久的な荷重の作用において，$0.4f'_{ck}$ の値とする．また，鉄筋の応力度の制限値は，降伏強度の特性値とする．ひび割れの照査は，断面力により発生するひび割れ幅がその限界値（許容ひび割れ幅）以下であることを確認するこ

119

とにより行う. コンクリート系セグメントのひび割れ幅は, 次式により算定する.

$$w = l_{max} \cdot \left(\frac{\sigma_{se}}{E_s} + \varepsilon'_{csd} \right)$$

(1.2.59)

ここに, w : ひび割れ幅 (mm)

l_{max} : 配力鉄筋の最大間隔 (mm)
ただし, ひび割れ幅の算定にあたっては, l_{max}の下限を $1/2 l_1$とする.

σ_{se} : 鉄筋応力度の増加量 (N/mm²)

E_s : 鉄筋のヤング係数 (N/mm²)

ε'_{csd} : コンクリートの収縮およびクリープ係数などによるひび割れ幅の増加を考慮するための数値. 一般に150×10^{-6}とする.

l_1 : ひび割れ発生間隔
$l_1 = 1.1 \cdot k_1 \cdot k_2 \cdot k_3 \{ 4 \cdot c + 0.7 \cdot (c_s - \phi) \}$ (1.2.60)

k_1 : 鉄筋の表面形状がひび割れ幅に及ぼす影響を表す係数で, 異形鉄筋の場合に1.0とする.

k_2 : コンクリートの品質がひび割れ幅に及ぼす影響を表す係数.
$k_2 = \dfrac{15}{f'_c + 20} + 0.7$ (1.2.61)

f'_c : コンクリートの圧縮強度 (N/mm²)

k_3 : 引張鉄筋の段数の影響を表す係数.
$k_3 = \dfrac{5(n+2)}{7n+8} + 0.7$ (1.2.62)

n : 引張鉄筋の段数

c : かぶり (mm)

c_s : 鉄筋の中心間隔 (mm)

ϕ : 鉄筋径 (mm)

　ひび割れ照査に用いる制限値は, トンネルの用途などから設定した許容ひび割れ幅とする. 一般に, **表-1.2.13**の条件で, **表**

-**1.2.14**に示す許容ひび割れ幅が設定されている.

表- 1.2.13　トンネル内の環境条件の区分の例[4]

環境条件	内　容
一般の環境	・常に乾いているか満水状態になる等，乾湿の繰返しを受けない環境にある場合
	・とくに耐久性について考慮する必要がない場合等
腐食性環境	・乾湿の繰返しがある場合
	・有害な物質に直接セグメントが曝される場合
	・その他耐久性を考慮する必要のある場合

表- 1.2.14　許容ひび割れ幅の例[4]

鋼材の種類	環境条件	
	一般の環境	腐食性環境
異形鉄筋，普通丸鋼	0.005 c	0.004 c

[*] c:主鉄筋のかぶり（mm）

⑦　変形の照査による設計

　セグメントの許容変形量は，トンネルの用途，トンネル形状と大きさ，建築限界の形状，セグメント継手の構造およびその特性，トンネルの保守余裕や蛇行余裕を十分考慮して設定する．国内実績では，電力などの中小口径トンネルの場合に直径の1/100〜1/150程度，鉄道などの大口径トンネルの場合に1/200程度とされてきた．セグメントリングの変形の検討は，構造解析から得られる直径の変形量に構造物係数 γ_i を乗じた値と制限値（許容変形量）の比が1.0以下であることを確認する．なお，セグメント継手の設計目開き量は，鉄筋コンクリート製セグメントでは，継手部の発生曲げモーメントと回転ばね定数から発生回転角を求め，中立軸位置から引張縁

側が目開くものと考えて，幾何学的計算により目開き量を算定する．限界値は，継手部の止水性などから設定する．また，リング継手の設計目違い量は，構造解析により算定された第1リングと第2リングのリング継手位置での相対変位量をリング継手の目違い量とし，限界値は，シール材の圧縮ひずみや有効幅を保持できる値を設定する．シール材の設計では，目開き量として，2~3mm程度を，目違い量としてボルトとボルト孔径の余裕代程度を考慮する．

(7) セグメントの構造細目

　セグメントの主断面および主桁は，設計荷重に対して主体となる構造部材であり，所要の強度および剛性を有し，製作や施工にあたり，不具合が生じない形状寸法と止水性の確保を十分考慮する．セグメント継手が保有すべき性能は，トンネルの用途，設計荷重，セグメントの形状，継手の締結機構などによって異なるが，一般的な項目を次に示す．

　(ア) 継手部に作用する施工時および完成時の作用に対し，安全性と耐久性が確保できる．

　(イ) 確実に組み立てることができ，組立て後においても所定の形状を保持できる．

　(ウ) 締結が容易で施工性に優れ，かつ施工後は，所要の締結力が確保される．

　(エ) 継手面に作用する水圧に対し，常時の荷重や地震時の影響による継手の目開き量，目違い量を考慮し，確実な止水性が確保される．

　(オ) 施工途中に作用する泥水圧や裏込め注入圧の一時的な作用に

122

　　　　対して，確実に止水可能な構造となる．

　継手構造には，ボルト継手構造，ヒンジ継手構造，くさび継手構造，ピン挿入型継手構造，ほぞ継手構造などがある．これら継手構造の選定では，所要の耐力や剛性を考慮し，組立ての確実性や作業性，施工時荷重に対する安全性について十分検討する．

① ボルト継手構造

　鋼製の継手板を短いボルトで締付けてセグメントリングを組み立てる引張接合構造であり，セグメント継手，およびリング継手に使用される．セグメントリングを曲げ剛性一様リングとして扱う場合は，セグメントの千鳥組を考慮して，リング継手はセグメント継手に準ずる構造とする．また，ボルト径に比べてボルト孔径が大きすぎると，セグメントに大きな目違いが発生し，施工時荷重の影響が大きくなる．鉄筋コンクリート製セグメントでは，袋ナットやインサートをナットとして用いるもの，長ボルトを用いるものもある．

② ヒンジ継手構造

　鉄筋コンクリート製セグメントにおいて多ヒンジ系リングのセグメント継手として用いられ，ナックルジョイント構造が代表的であり，地盤の良好な欧州などで多用される．セグメント継手部には，曲げモーメントがほとんど発生せず，軸圧縮力が支配的となるため，良好な地盤条件では合理的な構造となる．しかし，締結力は期待できないため，施工時の変形防止，耐震性，止水性が要求される場合には，別途検討が必要になる．

③ くさび継手構造

　主にセグメント継手に用いられる．くさび作用によりセグメントを引寄せて締結するため，継手の回転剛性が大きく，セグメントリ

ングの変形が生じにくい．トンネル内面から半径方向にくさびを打込む形式とトンネル軸方向からくさびを打込む形式があり，後者では，セグメントと一体化した先付けタイプが主流になっている．鉄筋コンクリート製セグメントでは，継手部の剛性を高めると，セグメントリングの変形に対し，主断面部が先に損傷する場合がある．**図-1.2.17**にくさび継手構造の例を示す．

④　ピン挿入型継手構造

　主に鉄筋コンクリート製セグメントのリング継手に用いられる．エレクターやシールドジャッキを用いて隣接するセグメントリングにセグメントを押付けることで締結が完了することから，作業効率の向上が期待できる．ピンとピン孔径の余裕は，所要の締結力により定めるものとし，押付け力によるコンクリートのひび割れなどに配慮する．また，この継手構造では，セグメントの組直しが困難なため，慎重な組立て管理が必要となる．**写真-1.2.1**にピン挿入型継手構造の例を示す．

⑤　ほぞ継手構造

　主に鉄筋コンクリート製セグメントのリング継手に用いられる．継手面に凹凸をつけ，これをかみ合わせて力を伝達する．セグメントリングの組立て精度がよい反面，その構造の特徴から十分な組立て管理が要求される．また，トンネル縦断方向の連続性，耐震性能の確保，防水上の観点から締結力を有する継手構造とすることが多い．ほぞの端部は，容易に欠損しやすく，セグメントの運搬，組立て時に注意する必要がある．

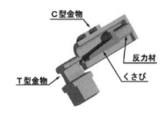

図-1.2.17　くさび継手構造[6]

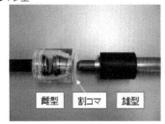

写真-1.2.1　ピン挿入型継手構造[6]

1.3.　施工方法

(1)　シールド

　シールドは，地山を切削するカッターヘッドとシールド本体から
なる．シールドの稼働に必要な動力，制御装置は，シールド断面の
大きさや構造により，設備の一部または全部を後続台車に設置する．
掘削排土部分以外は土砂，地下水の浸入が遮断される構造の密閉型
シールドでは，フード部とガーダー部は隔壁（バルクヘッド）で仕
切られる．

　フード部は切羽の土水圧を保持する掘削土砂や泥水を満たす空間
であるとともに，カッターヘッドで掘削された土砂の排土装置への
運搬路となる．また，一般に，隔壁部には，ビット交換作業，障害
物撤去作業などを行うためのマンホールを設ける．

　ガーダー部は，カッター駆動部，排土装置，シールドジャッキな
どの機器装置を格納する空間となる．切羽作業時に圧気工法を併用
する場合は，作業員の出入りや資機材の搬出入に支障のないように
スペースを確保する．なお，ガーダー部の主部材は鋼殻（スキンプ
レート）をはり材で補強したもので，ほかの部位と板厚が異なる．

テール部はテールシールを端部に配置し，止水機能を有する．また，エレクターを備え，主にセグメントの組立て作業を行う空間となる．中折れ装置を装備するシールドでは，シールド本体は前胴部と後胴部に分割され，中折れピン，中折れジャッキで連結される．中折れ装置の採否は，トンネル線形，シールド外径，シールド長さ，土質および路線周辺の状況などを考慮して決定する．**図-1.3.1**に密閉型シールドの構成例を示す．

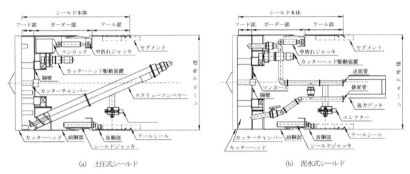

図-1.3.1 密閉型シールドの構成[2]

(2) 土圧式シールドと泥水式シールド

(ア) 土圧式シールド

土圧式シールドは，①地山を切削し，その土砂と必要に応じて注入した添加材とを撹拌，混練し塑性流動化を図りながら推進を行う（掘進機構），②カッターチャンバー内に掘削土砂を充満，加圧し，シールドの推進量に見合う土量を連続排土しながら切羽土圧とカッターチャンバー内泥土圧とでバランスを図り，切羽を安定させる（切羽安定機構・排土機構），③シールドには，添加材注入装置が装備され（添加材注入機構），カッターヘッドに撹拌翼，カッター

チャンバー内面に固定翼などの混練装置を備える（混練機構）など
を特徴としたシールドである．**図-1.3.2**に土圧式シールドの構造
を示す．

　土圧式シールドの適用にあたっては，土圧，地下水圧，土質，最
大礫径，粒度分布，含水比などを十分調査し，添加材の種類，配合，
濃度，注入量，カッタートルク，掘進速度，および排土機構の計画
に反映させることが重要となる．

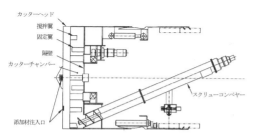

図-1.3.2　土圧式シールドの構造[2),7)]

　切羽安定機構では，①カッターチャンバー内の泥土圧により土圧，
水圧に対抗する，②スクリューコンベヤーなどの排土機構により，
掘進速度に応じた排土量を調節する，③掘削土砂の流動性や止水性
を適正に保つため，必要に応じて適切な添加材を選定し注入量を調
整するなどの総合的な作用により安定効果が得られる．特に，砂礫
地盤においては，土の摩擦抵抗が大きく，透水性も高いため，掘削
土砂がチャンバー内で拘束され，取込みができなくなることもある．
このような場合は，砂礫の摩擦を緩和する添加材（気泡材）を適切
に選定する．また，カッターチャンバー内の泥土圧を計測するため
に装備する土圧計は，精度，耐久性に優れたものでなければならな
いが，故障などに備えて複数個の配置，または交換可能な構造を有

するものを選定する.

　添加材注入機構は，添加材注入ポ
ンプ，カッターヘッドや隔壁に設け
る注入口から構成される．注入口を
複数設置する場合は，各注入口から
均等に注入できる独立した注入系統
とする．また，補修，掃除などが困
難なため，土砂逆流防止，破損およ
び閉塞防止構造が必要とされる.

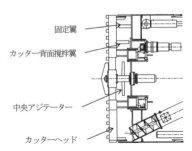

固定翼
カッター背面撹拌翼
中央アジテーター
カッターヘッド

図-1.3.3　混練機構の種類[2)]

　混練機構は，カッターチャンバー内の塑性流動化を図ることが
できるよう掘削土砂と注入した添加材を効果的に練混ぜる機能を
有し，土砂の共回り，付着や分離を防ぐ構造，配置が必要となる.
図-1.3.3に混練機構の種類を示す.

　土圧式シールドの添加材は，以下の目的で，地上または坑内に設
けられるプラントで作られ，坑内配管を通して注入ポンプにより，
切羽面かカッターチャンバー内に注入される.

　　・　カッターチャンバー内の充満した掘削土砂の塑性流動性を高
　　　　める
　　・　掘削土砂と撹拌混練して止水性を高める
　　・　掘削土砂のシールドへの付着を防止する
　　・　カッタービットやカッターヘッドなどの摩耗低減（副次的効
　　　　果）
　　・　カッターおよびスクリューコンベヤーのトルク軽減（副次的
　　　　効果）

　また，添加材を選定するために必要な性質は以下のとおりである.

- 　流動性を発揮する
- 　掘削土砂と混合しやすい
- 　材料分離を起こさない
- 　環境に悪影響を及ぼさない

一般に使用されている材料は，以下の4種類である．

① 鉱物系

掘削土砂が流動性と不透水性を有した良好な泥土となるために必要な微細粒子を粘土，ベントナイトを主材として補給するもので，最も使用実績が多く，幅広い土質に対応できる．ただし，作泥プラントや貯泥タンクなどの設備が大規模になる．

② 界面活性剤系

特殊気泡材と圧縮空気で作られた気泡材を使用する．掘削土砂の流動性，止水性，付着防止に効果がある．礫地盤でも効果が高い．気泡は消泡するため，後処理が容易になる．ただし，掘削土砂をポンプ圧送する場合は，空気を含む土砂の影響で排土効率が低下する．

③ 高吸水性樹脂系

自重の数百倍の水を吸収してゲル状態になるため，地下水による希釈劣化が少なく，高水圧地盤での噴発防止に効果がある．ただし，塩分濃度の高い地下水，鉄鋼などの金属イオンを多量に含む地盤，強酸性・強アルカリ地盤では，吸水能力が低下する．

④ 水溶性高分子系

樹脂系と同様に高分子化合物からなるもので粘性を増大させる効果があり，ポンプ圧送性に優れる．主原料の成分によって，セルロース系（CMC），アクリル系（PHPA），多糖類系（グアガム）などがある．

排土機構のうち，一次的排土機構は，隔壁を貫通してスクリュー
コンベヤーを設ける．切羽の土水圧とカッターチャンバー内の泥土
圧とのバランスを図るため，シールドの推進量に合わせて回転速度
を制御し排土する．スクリューコンベヤーの形式では，止水効果が
高い軸付きと，スクリュー部の搬送空隙が大きく，巨石や粗石を搬
出しやすい軸なしリボン式などがある．**図-1.3.4**にスクリューコ
ンベヤーの型式を示す．

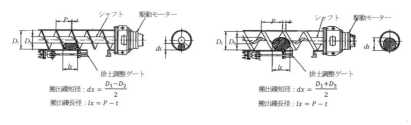

（a）　軸付きスクリューコンベヤー　　　　（b）　軸なしリボン式スクリューコンベヤー

図 - 1.3.4　スクリューコンベヤーの型式[2]

　礫層など掘削土砂の塑性流動性が確保されにくい地盤では，切羽
の土水圧の急激な変動によりスクリューコンベヤーの排土口から地
下水や土砂が噴発することがある．そのため，排土口の止水性確保
のため，スクリューコンベヤーに，ほかの機構を組み合わせた二次
的排土機構が採用される．**図-1.3.5**に二次的排土機構を示す．ス
クリューコンベヤーの取付け位置は，シールド断面下方が望ましい．
また，施工時の停電に備えて，排土口ゲートジャッキの操作に，ア
キュームレーターや手動油圧ポンプなどが装備される．

　シールドから坑内運搬を通じ，立坑から地上に搬送された掘削残
土は，通常，地下水を多く含み，含水比が高いため，一般残土とし

て場外に搬出できない．そのため，泥土処理設備により，適正な残土として改良する必要が生じる．泥土処理方法には，①天日乾燥による方法と②添加材による方法などがある[2]．

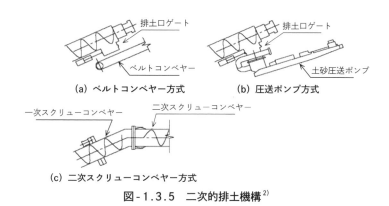

図-1.3.5　二次的排土機構[2]

① 天日乾燥による方法

掘削土砂を地表面に仮置きし，一時的に放置した状態で天日にて乾燥させ，含水比を低下させる．通常，広い土地が必要で，天候によっては改良に時間がかかる．

② 添加材による方法

掘削土砂と添加材を撹拌混合して改良する．添加材の撹拌混合には，土砂ピットの内部でバックホウにより撹拌する方法，パドルミキサーの撹拌装置により混合処理する方法がある．掘削土砂供給装置，撹拌装置，添加材フィーダーにより連続処理を可能にした泥土処理システムが使用されている．**図-1.3.6**に泥土処理システムの例を示す．

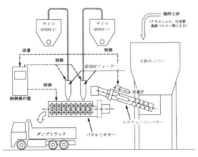

図-1.3.6　泥土処理システム[2),8)]

⒤　泥水式シールド

　泥水式シールドは，①面板型カッターにより山留めを行い，切羽全断面を掘削しながら推進する（掘進機構），②物性の調整された泥水を切羽に送り，切羽の安定に必要な泥水圧保持を可能とする（切羽安定機構），③シールドの推進量に合わせ，切羽の安定を図りつつ，掘削土砂を流体輸送により排出する（送排泥機構），などを特徴とするシールドである．**図-1.3.7**に泥水式シールド構造例を示す．

　泥水式シールドの選定にあたっては，土圧，地下水圧，土質，最大礫径，粒度分布，含水比などを十分調査し，カッタートルク，掘進速度，送排泥機構，流体輸送設備，泥水処理設備などの計画に反映することが重要である．

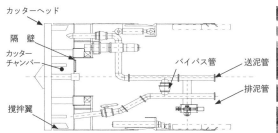

図‑1.3.7　泥水式シールドの構造[2),9)]

　切羽安定機構は，①泥水圧により土圧，および水圧に対抗する，②泥水が切羽面に不透水性の泥膜を作り，泥水圧が有効に作用する，③泥水が切羽面からある程度の範囲の地盤に浸透して切羽に粘着力を与える，などの総合的な作用により効果を得る．最も有効な泥水の物性（比重，ろ過特性，粘性，砂分含有率など）の調整と切羽の土圧，および水圧に対抗した泥水圧の調整保持機能が重要となる．泥水圧の調整保持機構は，送泥ポンプと排泥ポンプの回転数を制御することで，カッターチャンバー内の圧力を制御し，切羽の土水圧に対抗する泥水圧を保持しながら，掘削土量と泥水を含む排土量をバランスさせる．排土量は，送排泥流量と泥水の密度を測定し，演算することでリアルタイムに管理できる．また，切羽泥水圧は，測定泥水圧と設定泥水圧の偏差をもとに制御するため，掘進中は，送泥ポンプの回転数を変化させ，掘進停止中は，自動コントロールバルブの開度を調節して偏差を許容値以内になるよう管理する．なお，シールド掘進停止時には，泥水中の土粒子の沈降や泥水の劣化を防止するため，チャンバー内へ良質泥水を循環させるポンプを設ける．

シールド本体内の送排泥機構は，流体輸送設備から泥水を切羽に送る送泥管，掘削土砂を泥水とともにカッターチャンバーから流体輸送設備まで排出する排泥管により構成される．送排泥管の管径は，通常，同径とするが，排泥管内の閉塞防止のために排泥管を大きくする場合，カッターチャンバー内から排泥ポンプまでの流速確保のために排泥管を送泥管より小さくする場合など，施工条件により決められる．特に，排泥管は，礫などにより閉塞することも多く，予備管の設置やバイパスラインを設けて排泥を逆流させて除去するなどの対策が用いられる．砂層，砂礫層中の長距離掘進では，排泥管の摩耗が生じるため，交換，厚肉管使用，曲線部補強などで対応することが多い．なお，礫処理装置には，破砕方式と分級方式があり，装置は機内空間により，排泥吸込口近傍か後続台車に設置される．

流体輸送設備は，シールド後方から泥水処理設備まで設置される[2]．

① 送排泥管設備

送泥管，排泥管，配管延長用の伸縮管，バイパス管の配管設備，バルブ設備および流量計，密度計などの計測設備で構成される．管径は，シールド径，土質および計画掘進速度に応じて設定される．送排泥管の閉塞対策では，礫破砕設備の搭載，砂礫土中の長距離掘進に見られる摩耗対策では，厚肉管が利用される．その他，シールド停止時のバイパス自動切換装置，切羽水圧制御不能時の緊急圧抜き弁，管内空気混入時のウォーターハンマー防止装置などが装備される．表-1.3.1に送排泥管設備の例を示す．

表 - 1.3.1　送排泥管設備の例[2) を編集]

シールド外径（m）	排泥管径（㎜）	送泥管径（㎜）
～2	～100	～150
2～5	100～150	150～250
5～8	150～250	200～250
8～11	200～250	250～350
11～14	250～350	300～400

② 送排泥ポンプ設備

　送泥ポンプ（P1），排泥ポンプ（$P_2 \sim Pn$，Pe）で構成される[2)]．礫処理が必要な場合などは，循環ポンプ（P_0）を用いる．長距離掘進の場合には，送泥ポンプを増設する必要がある．送排泥管，および送排泥ポンプ設備の例を**図-1.3.8**に示す．送排泥ポンプは，管径に適応したサイズのものを選定し，ポンプの台数は，輸送延長に対し十分な輸送能力を確保する．また，排泥ポンプは，掘削土砂の固形物の通過を考慮し，ポンプ能力の選定は，排泥管内の限界沈殿流速に基づいて，次式で行う．

$$V_1 = F_1 \sqrt{2gd\frac{P-P_0}{P_0}}$$

$$(2.4.1)$$

ここに，　　V_1　：限界沈殿流速（一般的に2.5～3.5m/s程度）
　　　　　　F_1　：粒子径，濃度により決まる係数
　　　　　　d　：管内径
　　　　　　g　：重力加速度
　　　　　　P　：土粒子の真比重
　　　　　　P_0　：掘進距離（km）

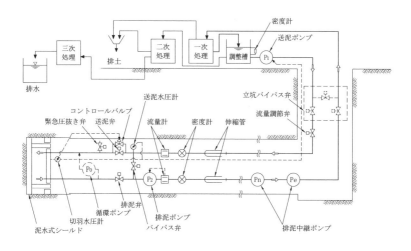

図- 1.3.8 送排泥管および送排泥設備[2)]

③ 中央管理計装設備

　中央監視制御盤，データの収集解析装置，遠隔制御装置，モニター設備で構成される．通常，土質や計画掘進速度に応じて，随時適切な切羽泥水圧，排泥流量などを円滑に集中制御するもので，泥水処理や掘進管理の監視制御盤と合わせて，総合的な管理が行われる．

④ 泥水処理設備

　流体として運ばれた排泥水の土砂分と水分を分離する設備である．また，切羽に再循環する送泥水の性状を調節する機能を有する．泥水処理設備は，i）一次処理設備，ⅱ）二次処理設備，ⅲ）三次処理設備で構成され，主に，一次処理で砂質土，二次処理で粘性土を分離する．

i)　一次処理設備

　切羽から送られてきた排泥水の礫，砂および75 μm以上の粘土およびシルト塊を物理的な分級方法によって分別する設備である．通常，振動ふるいと湿式サイクロンの組合わせが用いられる．湿式サイクロンは，砂分の分級用に専用のスラリーポンプを併用し，分級点を75 μmとしている．一次処理で砂分や礫分を分離した泥水は，調整槽で比重や粘性などを調整後，切羽に再循環される．**写真-1.3.1**に一次処理設備の例を示す．

写真-1.3.1　一次処理設備[10) を編集]

ii)　二次処理設備

　余剰泥水，75 μm未満の粒子の細かいシルト，粘土は，そのままでは分離しにくいため，凝集剤でいったん凝集し，フロック（団粒）として凝集沈殿や圧縮などの方法により脱水し，泥分と水分を分離する．通常，脱水分離装置としては，フィルタープレスが使用される．掘削土中に粘土分の割合が多いと，二次処理設備の負荷が大きくなるため，シールド掘進の進捗に応じて，余裕のある設備とする．**写真-1.3.2**に二次処理設備の例を示す．

iii）三次処理設備

　二次処理で分離した水分はpHが高いため，放流水とするために中和したり，濁度処理を行ったりする設備である．pH中和装置には，バッチ式，連続処理式があり，濁度処理には，凝集沈殿装置（シックナー）が使用される．**写真-1.3.3**に凝集沈殿装置の例を示す．

写真-1.3.2　二次処理設備[10] を編集

写真-1.3.3　三次処理設備[11]

⑶　掘進および覆工

　掘進は，㋐初期掘進，㋑本掘進，㋒到達掘進に区分され，初期掘進から本掘進に移行する際に，通常，後続設備をすべて坑内に

取り込む，㈔段取り替えが行われる.

㈎　初期掘進

　シールドが立坑を発進してから，シールドの運転に必要な後続設備がトンネル坑内に入るまでをいう. 初期掘進中は，所定の計画線上を正確に進み，また周辺の路面や近接構造物への影響を最小限に抑えるため，シールド掘進時のデータや地盤沈下量の計測結果などを収集し，シールドの運動特性の把握，およびカッターチャンバー内土圧，泥水圧の管理値や，裏込め注入圧，注入量の設定値を確認する.

㈏　本掘進

　初期掘進時に設定したカッターチャンバー内土圧，泥水圧などの管理値や裏込め注入圧，注入量の設定値により，所要のサイクルタイムが得られる連続作業を可能にするため，必要な設備を完備した状態で掘進を行うことをいう. 本掘進では，所要推力およびトンネル線形を考慮して，適切なジャッキパターンを選択することでシールドの姿勢制御が行われる. 掘進のための推力は，土質，土水圧，シールド形式，余掘り量，蛇行修正，曲線半径，勾配により変化するため，常に注視する.

㈐　到達掘進

　シールドを所定の位置に到達させるため，測量，方向修正や切羽圧力，推力管理を行いながら，速度を低下させて掘進を行うことをいう.

㈑　段取り替え

　発進時に用いた発進立坑内部の反力受け設備の撤去，後続台車の投入，本掘進設備への移行を行うことをいう. 本掘進では，セグメ

ントと地山の間のせん断抵抗力だけで推進反力をとるため，所定の掘進反力が確保できているか次式により確認する．または，反力受け設備にひずみ計などを設置した場合は，その実測値を確認する．

$$L > \frac{F}{\pi \cdot D \cdot f}$$

(1.3.1)

ここに， L ： 立坑からセグメント長さ(m)

F ： シールドジャッキ推力(kN)

D ： セグメント外径(m)

f ： 裏込め注入材を介したセグメントと地山のせん断抵抗力 (kN/m²)

掘進における留意点としては，以下の内容があげられる．

① 土圧，排土量，シールドジャッキ推力やカッタートルクを十分監視し，掘削土砂の取込過ぎやチャンバー内の閉塞を起こさないようにする．

② 蛇行量が小さいうちに，相当な長さの区間で徐々に修正を加えることで，テールクリアランスを保持しながら，計画推進方向を維持する．

③ 掘進時には，シールドジャッキをなるべく多く使用し(連続3本以上のジャッキを抜かない)，推力を覆工セグメントに均等に作用させ，セグメントの損傷を防止する．

④ テールグリースの定期的給脂によりテールシールの健全性を確保し，テールシールの劣化に伴うセグメントの損傷防止やテール部からの出水を防止する．

　一次覆工は，セグメント1リング分の掘進完了後，シールドジャッキを引いて，シールド後部の空いた隙間にセグメントをリング状に組み立てる作業をいう．セグメント組立て作業は，周辺地山の土圧，水圧およびシールド推力などの作用に耐え，所定の空間を確保するために，堅固で正確な施工が要求される．また，セグメント組立て中には，セグメントの継手の目開きや目違い，または，コンクリート系セグメントでは，端部の欠けやひび割れが生じないように精度の高い施工管理が求められる．施工にあたっては，セグメントを組み立てる際，多数のシールドジャッキ全部を一度に引き戻して解放すると，地山の土水圧や切羽の泥土圧や泥水圧によってシールドが押戻され，切羽の安定が保てなくなる．そこで，セグメント組立て時のジャッキ解放本数は，組立てに伴う必要最小限とする．セグメントは，底部からA，Bセグメントを左右交互に組み立て，最後にKセグメントを挿入する．セグメントの位置決めを行う際には，シール材を損傷しないよう慎重に行う．軸方向挿入型セグメントの場合，隣接するセグメントのシール材がセグメント挿入時に接触して損傷することもあるため，シール材にあらかじめ滑剤を塗布しておくことが行われる．一次覆工は，リングの真円性を確保するよう精度良く組み立てることが重要である．組立て精度が悪く，継手間に目開きや目違いがあると，漏水が発生したり，コンクリート系セグメントでは，ジャッキ推力を受けた際に，局部的な荷重が作用することによるひび割れが生じたりする．また，セグメントの保管，運搬，坑内での取扱いでは，運搬設備，仮置き方法に留意し，セグメントの端部や防水材料を損傷させないよう配慮する．セグメント組立て形状を保持するためには，セグメントを真円性が

得られるよう慎重に組み立て，ボルトなどの締結金具で十分締付けて緩みを防止する．テールを離れたセグメントは，土水圧，裏込め注入圧により変形しやすい．裏込め注入材がある程度硬化するまでの間，シールド内部空間が確保できれば，形状保持装置を装備して使用する．さらに，セグメントにボルト継手構造を採用する場合，掘進時の推力は，かなり後方のセグメントまで及んでいるため，掘進の影響がほとんどなくなった時点で，再度，所定のトルクで十分締付ける必要がある．ボルトの締付け力は，トルク計測器で確認する．**写真-1.3.4**に一次覆工完了後の坑内状況を示す．

写真-1.3.4 一次覆工完了後の坑内[12]

　二次覆工は，トンネルの設計条件により無筋または鉄筋コンクリートを巻立て，セグメントの補強，防食，防水，蛇行修正，防振，内面の平滑化，トンネルの内装仕上げを目的として施工される．また，上下水道トンネルのように内装管などを設置し，一次覆工との間隙にコンクリート，およびエアモルタルを充填する場合や鋼製セグメントを用いる急曲線部で吹付けコンクリートを使用することもある．

⑷　裏込め注入工

　地山の緩みと沈下を防ぐとともに，セグメントからの漏水防止，セグメントリングの早期安定，およびトンネルの蛇行防止を目的として，掘進と同時に，セグメント内面，またはシールドテールから，セメント系材料で地山とセグメントの隙間を充填する作業をいう．

　注入材として，一般的に要求される性質は，以下のとおりである．

　㋐　材料分離を起こさない．

　㋑　流動性が良く，充填性に優れる．

　㋒　注入後の体積変化が少ない．

　㋓　早期に地山の強度以上になる．

　㋔　水密性に富んでいる．

　㋕　環境に悪影響を及ぼさない．

　近年，ゲル化時間や強度が調整でき，同時注入も可能な二液性の可塑状型注入材が多く使用されている．一液性注入材のモルタル，セメントベントナイトなどは，ゲル化時間が長く，水に希釈されやすいため，地山が安定した土質の場合のみ，経済性を考慮して用いられる．なお，裏込め注入材料の品質管理では，練混ぜた注入材について，フロー値，粘性，ブリージング率，ゲルタイム，圧縮強度などを定期的に測定する方法が行われる．

　注入時期としては，シールドの掘進に合わせてシールドスキンプレートの内側に設けられた注入管から裏込め注入を行う同時注入，掘進後，速やかにセグメントの注入孔から裏込め注入を行う即時注入がある．いずれも，セグメントがシールドテール部を脱出する際の安定性確保のため，裏込め注入は，早期に行うことが重要となる．

　注入方法としては，セグメントに設けられた注入孔やシールド本

体テール部に設けられた同時裏込め注入装置から行われる．注入材の運搬は，坑外のプラントから配管を通じてグラウトポンプで注入地点まで圧送する方法，および材料運搬台車により材料を坑内運搬し，後続台車に搭載したグラウトポンプを用いて注入する方法などがある．また，セグメントリング全体に均等に圧力が作用するように，セグメント内面側から注入する場合は，Bセグメントに設けた注入口を交互に使用することが多い．一般に，Kセグメントには，脱落防止などを考慮して注入口を設けない．なお，裏込め注入を施工した後，未充填部や注入材料の体積減少分の補充を目的とした二次注入を行うこともある．近年は，自動制御によってテールボイドの発生量に追従して圧力管理と量管理，または両方式を併用した管理が可能な自動裏込め注入システムの採用が普及し，同時注入方式との併用による作業の省力化が進展している．**図-1.3.9**に自動裏込め注入システムの概要を示す．

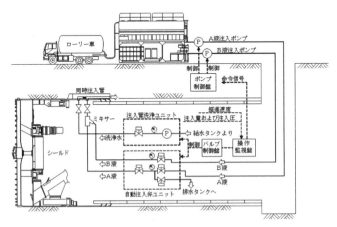

図-1.3.9　自動裏込め注入システム[2]

⑸　防水，防食工

　シールドトンネルは，地下水位以下に構築されることが多いこと，トンネル内への漏水は，完成後のトンネルの機能，および維持管理に種々の問題を生じることに加え，地下水位低下による地盤沈下などの周辺環境に影響を及ぼすおそれもあることなどから，地下水圧に対抗できる防水工が重要になる．特に，セグメントの継手に設けられるシール材については，高水圧や内水圧が作用する条件下では，㈎ シール材の2条配置，㈑ シール材の継手となるセグメント隅角部に別途コーナーシールを貼付，㈒ シール材に継手部を設けないシームレス加工の採用，㈓ セグメント隅角部の密着性を確保するための額縁加工などの対策が講じられる．一般に，シールドトンネルでは，一次覆工のセグメントに施す止水対策が重要であり，シール工，コーキング工，ボルト孔の防水工，および裏込め注入工が対象となる．このうち，シール工は，多くの継手面をもつセグメントにとって最も重要といえる．実際には，トンネルの使用目的に応じて，シール工のみの防水工とする場合と，シール工と他の防水工を組み合わせて施工する場合に分けられる．

①　シール工

　セグメントの継手面に設置したシール材をセグメントではさみ込み，シール材が有する反発力や膨張圧により防水するものである．シール材の材質は，未加硫ブチルゴム系，合成ゴム系，合成樹脂系，水膨張系などがある．水膨張系では，地下水と反応して体積膨張する吸水性ポリマーを天然ゴム，またはウレタンゴムなどと混合したものが一般的に使用される．施工方法としては，雨水などの影響を受けない場所で，貼付面の埃，油，錆，水分などをきれいに拭

取り，接着材を塗布した後，シール材を所定の位置に貼付ける．特に，セグメントの隅角部，およびシール材端部は，シール材が剥がれやすく，しわ，隙間が生じやすいため，慎重に貼付けを行う．また，シール材貼付け後は，一定時間の養生を行い，セグメント運搬の際には，シール材が損傷しない処置を講じることが重要である．

② コーキング工

セグメントの継手面内側に設けたコーキング溝に，セグメント組立て後にコーキング材を充填し防水するものである．コーキング材には，エポキシ系，シリコン系を主材としたものが用いられており，一般的に，ⅰ）水密性はもとより耐久性，耐薬品性に優れている，ⅱ）湿潤状態における施工性に優れているとともに，硬化時に水分に影響されず，体積収縮が少ない，ⅲ）接着性が良く，施工後すみやかに硬化し，伸縮，および復元性に富んでいるなどの性質が必要とされる．また，施工方法は，増締め完了後のセグメントに対し，溝の油，錆，水分をきれいに拭取ってから，コーキング材を充填する．

③ ボルト孔の防水工

ボルトワッシャーとボルト孔の間にリング状のパッキン材を入れ，ボルトを締付けることによって，パッキン材の一部が変形し，ボルト孔壁，およびワッシャーの外面で形成される空間を充填し，ボルト孔からの漏水を防ぐものである．パッキン材には，合成ゴム，合成樹脂性やウレタン系の水膨張性のリング状パッキン材が使用されており，一般的に，ⅰ）伸縮性がよく水密性を失わない，ⅱ）ボルト締付け力に耐える，ⅲ）耐久性があり劣化しにくい，などの性質が必要とされる．

④　注入孔の防水工

　裏込め注入プラグのねじ込み部にパッキン材を取り付けて，注入孔の内部からの漏水を防ぐものである．また，鉄筋コンクリート製セグメントの場合には，裏込め注入孔の外周にパッキン材を取り付けて，裏込め注入孔外周面に沿った漏水を防ぐものである．

⑤　その他

　シール工，コーキング工でも漏水が止まらない場合，その場所に注入孔を設けて，ウレタン系の薬液や樹脂系材料を注入し，充填することにより止水を図る．**図-1.3.10**に鉄筋コンクリート製セグメントの止水対策例を示す．

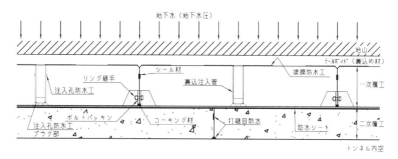

図-1.3.10　鉄筋コンクリート製セグメント止水対策[4]

2. 推進工法

2.1. 概要

(1) 推進工法とは

　推進工法は，刃口，掘進機，または先導体に推進管を後続させ，立坑内に設置した推進設備により管を地中に圧入してトンネルを構築する工法である．推進工法を採用する場合の条件を以下に示す．

1) 開削工法が適さない場合（交通量の多い道路，道路占用条件，周辺環境条件など）．

2) 管渠の埋設位置が深く，経済的に有利となる場合．

3) 鉄道，河川，構造物下の横断施工の場合．

また，工法採用に際しては，下記の点に留意する必要がある．

1) 地下水の多い場所や土質条件によっては，補助工法の検討が必要である．

2) 軟弱な地盤で施工する場合には，推進管の沈下に対する検討が必要である．

3) 地質条件，施工方法によっては，地表面の沈下に対する検討が必要である．

4) 施工精度を維持するには，作業員の熟練と綿密な施工管理が必要である．

5) 推進中，障害物に遭遇した場合の処置についての検討が必要である．

6) 発進立坑は，当初の立坑構築から，推進工，マンホール築造，埋戻し工，土留めの撤去まで，長期にわたり立坑周辺に与える影響が大きいことから，立坑位置の選定については，特段の配慮が必要になる．

148

推進工法の概要を**図-2.1.1**に，工法延長の概要を**図-2.1.2**に示す．

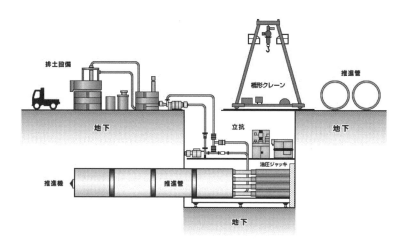

図-2.1.1　推進工法[13]

図-2.1.2　推進工法の延長[14]

(2)　推進工法の特徴

　推進工法は，切羽の安定方法，掘削方法，推進力の伝達方法，土砂の搬出方法により工法の種類は多様であるが，使用する推進管の呼び径（管の内径をmm単位で表示）により分類される．文献14）では，呼び径800 〜 3,000までを「中大口径管推進工法」，呼び径

150 〜 700 までを「小口径管推進工法」と称している．**図-2.1.3**に
推進工法の分類を示す．

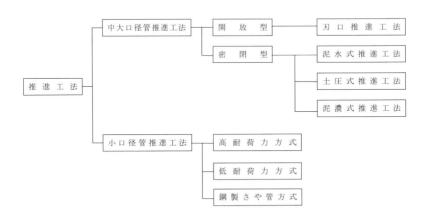

図-2.1.3　推進工法の分類[14)]

　推進工法は，立坑間を掘進機で掘削し，推進管を用いてトンネ
ルを構築する．よって，その掘削機構，掘削土砂搬出設備などは，
シールド工法と類似している．ただし，立坑背面に反力を取り，立
坑に配置する推進設備を用いて，掘進機と推進管を同時に地中に圧
入する推進機構が，シールドに装備されたジャッキにより，セグメ
ントに反力を取りながら前進するシールド工法の推進機構と異な
る．下水道規格の場合，シールド工法の最小適用径は，仕上り内
径1,350mm，シールド外径2,130mmであるため[15)]，推進工法の適
用範囲と重複する部分がある．また，推進工法の許容推進延長が推
進管と周辺地盤の摩擦力によって制限されることになるが，近年で
は，その摩擦を低減する滑剤の性能も向上し，推進延長で1kmを

超える実績も増えてきている．一方で，推進工法に用いられる推進管は，文献18）などにより標準化されており，工場製品が使用される．また，推進管は，道路法の制約から，公道を使用して運搬できるのは，呼び径3,000（外径3,250 mm）までとされている．よって，推進工法の適用範囲は，内径3,000 mmのトンネルまでとなる．**写真-2.1.1**にリング状に組み立てられたシールドトンネル用鉄筋コンクリート製セグメントと鉄筋コンクリート製推進管の例を示す．

写真-2.1.1　シールドトンネル用セグメント（左）と鉄筋コンクリート製推進管（右）[16]

(3)　推進工法のための調査

　調査は，路線，立坑位置，トンネルの深さ，補助工法を決定するための資料を得ること，および工事を安全で経済的に実施することを目的に行う．調査には，立地条件調査，支障物件調査，地形および土質調査，環境保全のための調査などに大別される．

(ア)　立地条件調査

　土地利用および権利関係，都市計画，およびほかの施設計画の将来計画，道路および路上交通状況，立坑用地確保の難易度，河川，湖沼，海洋の状況，工事用電力および給排水施設などの調査を行う．

特に，土地利用および権利関係では，公共用地か民地であるかを調査し，その土地に関係する各種の権利について十分理解するとともに，工事周辺の地上，地下の制約条件を把握することが重要となる．

(イ)　支障物件調査

　路線の選定に先立ち，直接支障となるもの，または，影響範囲にある諸物件について調査を行う．調査項目としては，地上・地下構造物，埋設物，構造物や仮設工事の跡などがある．特に，埋設物の調査では，上下水道，電力，通信，およびガス以外にも，埋設時に使用した土留め材料や杭などが残置されていることが多いため，調査には十分注意を要する．地上では，工事の支障となる架空線についても調査を行う必要がある．

(ウ)　地形および土質調査

　路線全体の地形，地層構成および土質状況を把握し，設計，施工上の検討資料を得る目的で行うもので，踏査，ボーリングなどの適切な方法を選定する．調査位置や調査項目の選定では，周辺環境，工事内容，工事規模を考慮する．調査項目としては，地形，地層構成，土質，地下水，酸素欠乏や有害ガスの有無などがある．このうち，土質については，特に，砂礫（直径2~75mm未満），粗石（直径75~300mm未満），および巨石（直径300mm以上）などを含む地盤は，掘削の障害になることが多いため，粒径，含有率，形状，強度を適切な方法により，詳細に調査する．また，地下水については，調査時点から季節変動，または人為的な変動を受けることがあるため，調査時点の地下水位条件について，把握しておく必要がある．

(エ)　環境保全のための調査

　周辺環境へ影響を及ぼすと予想される項目について，設計および

施工上の検討資料を得る目的で行うものである．調査項目としては，騒音・振動，地盤変状，地下水・河川，建設副産物などがある．特に，騒音・振動については，施工前の暗騒音・暗振動も調査のうえ，法規制を遵守して，施工中の騒音・振動に対する対策の検討を行う．また，静穏を必要とする施設（病院，学校など）の事前調査も重要となる．さらに，必要に応じて，立坑周辺道路の交通量調査，酸素欠乏，有害ガス発生のおそれがある場合は，影響が予想される区域，施設などの事前調査を行い，状況を的確に把握しておく．

(4)　管路の計画

　推進工法による路線の選定は，計画された路線の現地条件，制約条件などを考慮し，使用目的に応じた構造物となるように，立坑位置，管路の平面線形，および縦断線形を定めることにより行う．

　立坑は，その周囲も含めて，推進工法の設備が集約される重要な施設であることから，作業性，安全性が確保され，また，交通状況や周辺環境条件などを考慮したうえで，最適な位置が求められる．これらの条件を満足し，立坑を設置したい場所に設けることができれば，適正なトンネル延長をもって理想的な設計ができる．しかしながら，市街地などは，制約条件も多く，施工延長が長距離化し，工法選定の見直しを要求されることも多い．立坑は，通常，道路の屈曲部，適正な施工延長，管径や土質の変化点，必要に応じて構造物などの施設が必要となる場所に設置する．道路の屈曲部における立坑は，曲線推進によりある程度まで省略できるが，施工が困難となる曲線半径が50m程度以下となる場合は，立坑を設けたほうがよい場合もある．適正な施工延長による立坑の位置は，管径，

工法により異なるが，作業効率，安全性，経済性を考慮して決める．また，立坑の使用は相当長期に及ぶため，交通量の多い交差点付近，病院，学校，商店街などの近くは，なるべく避ける．計画路線を数スパンに区分する必要がある場合は，1箇所の立坑から両方向に発進する方法などを検討し，施工の省力化を考慮できるよう立坑位置を選定する．

　推進工法による管路は，通常，公道下に計画されることが多い．その平面的な位置は，道路管理者が定める占用区分に従って位置を選定する．しかし，地下埋設物の輻輳や将来計画などのために，占用区分に設置できない場合は，道路管理者や各埋設物管理者と協議して，位置を選定する．また，地上，地下の主要構造物などに対して影響がある場合，設計段階にて，各管理者と施工方法や防護方法について協議しておく必要がある．

　管路の平面線形は，直線が最適である．ただし，道路形態や道路屈曲部に立坑が設置できない場合は，曲線施工が必要になる．近年では，多折掘進機や，余掘り装置や開度調整装置を設けた曲線施工用の推進管などの新技術も普及しているが，一般に推進工法における曲線施工は，管継手部をヒンジ構造とし，その自由度の許容範囲で施工することになる．よって，曲線外側の地山抵抗とその反力の吸収方法，曲線内側の継手部の接点に対する応力集中などの複合作用により，移動しながら曲線を通過していく推進管の軸線は，ある程度の偏心を有したものとなり，推進管断面に均一に推進力が伝達されているか不明な点も多い．このような条件を勘案した場合，計算で得られる想定以上の応力が推進管に作用する場合もあり，推進管の損傷，継手部に破壊などの問題が生じることもある．したがっ

て，平面曲線半径の設定では，推進管の耐荷力，施工性，安全性の観点からも決定する必要がある．

　管路の縦断線形は，地下埋設物との離隔や土質条件などによって決定されることが多い．地下埋設物との離隔は，埋設物の種類や構造により異なるが，設計時に各埋設物管理者との協議によって決められることも多い．離隔距離は，通常，良好な地盤の場合，推進管径の1.5倍以上あれば，経験的に影響は少ないといわれる．土質条件では，良質かつ均一な地層に路線を設定できれば問題ないが，土質の急激な変化点がある場合，硬軟の地層が混在する場合，また，超軟弱腐植土層が存在する場合などは，施工が困難になることが多いため，なるべく計画路線から避けるほうがよい．やむを得ず，これらの難条件下で縦断線形を設定しなければならない場合は，工法選定，補助工法の併用なども含めて，十分な検討が必要となる．なお，縦断勾配は，下水道の場合は自然流下勾配を基準として決められることが多いが，電力，通信などの管路では，配管，配線などの設備の施工性から決められることもある．

(5)　管路の維持管理

　環境条件の最も厳しい下水道管を例にとると，人力目視やCCDカメラなどにより，管内の劣化調査が定期的に行われる．特に，有害ガス発生による管の損傷は，不可避のため，高圧洗浄水による堆積した汚物の清掃も行われる．損傷の範囲が部分的であれば，修繕（止水，内面補強，断面修復，防食など）が行われる．損傷の範囲が全般的であれば，管路交換（布設替え）や管路の内側に新たに管路を作る管更生などの改築が行われる．

2.2. 設計手法

(1) 土被り

　一般に推進管の埋設深さは，立坑構築，湧水処理，作業性，将来の維持管理から浅いほうがよいが，安全な施工を実現するためには，種々条件を考慮したうえで，十分な土被りとする必要がある．必要な最小土被りは，想定される土のアーチング効果による緩み高さを考慮して，一般には，1.0~1.5D（D: 管外径）程度とされる．これより土被りが浅くなる場合は，地表面陥没，地盤沈下，または逸泥，噴発などが発生する危険性が高くなるため，㋐ 施工方法，㋑ 土質条件，㋒ 補助工法および防護工法，㋓ 地下埋設物および周辺構造物，㋔ 管種などの項目について，十分検討を行う．

　なお，土被りが大きくなる場合，推進管に作用する地下水圧が高くなり，推進管継手部の耐水圧の限度を超えることもあるため，注意する必要がある．

(2) 設計の手順

　推進工法の設計は，一般に，基本設計において定められた呼び径，管種，勾配，路線延長，土被りなどの施設計画，各種調査結果を整理して得られた立地，支障物などの社会条件，地形，土質などの自然条件，騒音，振動，水質などの環境条件，道路，河川などの該当地域に関わる将来計画などを確認し，**図-2.2.1**に示す手順により設計が行われる．

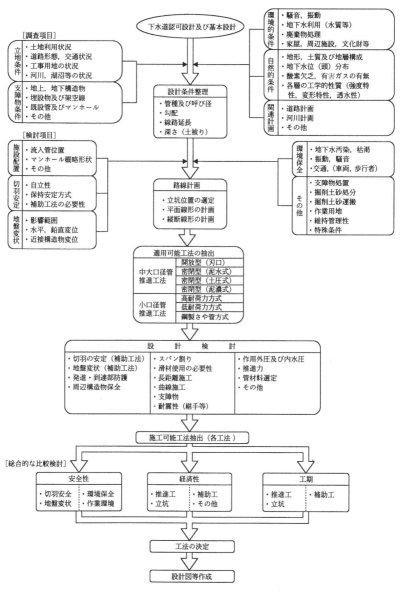

図‐2.2.1　推進工法の設計手順[14]

(3) 推進工法の選定

　施工方法を選定するにあたっては，(ア) 布設する管の呼び径，(イ) 1スパンの推進延長，(ウ) 土質と地下水，(エ) 線形，(オ) 立坑土砂搬出および管の搬入に対する用地形態，(カ) 立坑位置の交通状況および周辺環境，(キ) 埋設物および架空線の位置，などの項目を検討する．このうち，土質と地下水については，施工の難易に関わる重要な条件となるため，補助工法の併用も視野に入れて検討する必要がある．また，推進延長については，施工方法，管の耐荷力，反力設備などの種々条件を検討する．推進力は，十分余裕のあることが施工上望ましいが，長距離施工に関する技術も普及しつつあるため，現地条件を十分勘案したうえで，最適な工法を選定する．**図-2.2.2**に推進工法の選定フローを示す．

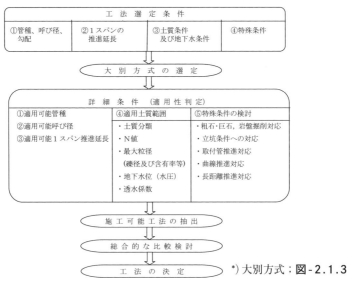

図-2.2.2　工法選定フロー[14]

⑷　管に作用する荷重

　推進工法に使用する管に作用する荷重には，外圧荷重と内圧荷重がある．外圧荷重は，常時作用する荷重，施工時に作用する荷重，そのほかの影響に分けられ，常時作用する荷重には，管自重と管に作用する等分布荷重がある．管に作用する等分布荷重には，㋐活荷重，㋑土圧，㋒地盤反力，㋓地下水圧，などがある．また，施工時に作用する荷重には，㋐先端抵抗力，㋑周面抵抗力，㋒推進力，㋓曲線部の側方地盤反力，㋔仮設備の荷重，などがある．

　外圧荷重で常時作用する荷重のうち，管自重は，推進力の算定においては考慮するが，断面方向の安全性の検討においては考慮しない．管に作用する等分布荷重のうち，管の鉛直方向の耐荷力を検討するための土圧は，鉛直土圧を考慮し，これにつり合うように支承角 $a = 120°$ の範囲で等分布の地盤反力が発生すると考える．

　図-2.2.3に荷重図を示す．

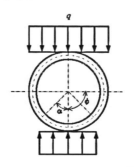

図-2.2.3　鉛直方向の荷重図[17] を編集

　鉛直土圧は，土被りにより全土被り土圧，緩み土圧を使い分け，すべての地盤で土圧を土水一体として扱う．全土被り土圧を採用した場合は，鉛直土圧に活荷重を加算し，緩み土圧を採用した場合は，

上載荷重の影響が算定式に含まれているため，活荷重を加算しない．なお，全土被り土圧を採用した場合，管に作用する等分布荷重は，活荷重を考慮し，次式のとおり，鉛直荷重と活荷重の和とする．

$$q = w + p \tag{2.2.1}$$

ここに， q ；管に作用する等分布荷重 (kN/m^2)
　　　　 w ；土による鉛直等分布荷重 (kN/m^2)
　　　　 p ；活荷重 (kN/m^2)

　計画路線が道路下の場合は，活荷重として次式の荷重を考慮する．

$$p = \frac{2P(1+i) \times \beta}{C(a + 2H \cdot \tan\theta)}$$

$$\tag{2.2.2}$$

ここに， p ；活荷重 (kN/m^2)
　　　　 H ；土被り (m)
　　　　 P ；後輪荷重 $(100\,kN)$
　　　　 a ；タイヤの接地長 $(0.2\,m)$
　　　　 C ；車両の占有幅 $(2.75\,m)$
　　　　 θ ；荷重の分布角 $(45°)$
　　　　 i ；衝撃係数（**表-2.2.1**）
　　　　 β ；低減係数（**表-2.2.2**）

表-2.2.1　衝撃係数 [14)]

$H(m)$	$H \leqq 1.5$	$1.5 < H < 6.5$	$H \geqq 6.5$
i	0.5	$0.65 - 0.1H$	0

表-2.2.2 低減係数[14]

	土被り $H \leqq 1$m かつ 内径 $\geqq 4$m の場合	左記以外の場合
β	1.0	0.9

　管の鉛直方向の耐荷力を計算する場合の土圧は，鉛直土圧のみを考慮する．土被りにより，全土被り土圧と緩み土圧を使い分ける．なお，土被り10m以内に推進管を設置する場合は，原則として均一地盤として計算する．均一地盤の土質定数は，各層厚に対する加重平均値を用いる．以下に，均一地盤，および多層地盤の緩み土圧算定式を示す．

（ア）　均一地盤における緩み土圧の基本式（**図-2.2.4**）

$$q = \sigma_v = \frac{B1(\gamma - c/B1)}{K_0 \cdot \tan\phi}(1 - e^{-K_0 \cdot \tan\phi \cdot H/B1}) + P_0 \cdot e^{-K_0 \cdot \tan\phi \cdot H/B1}$$

$$(2.2.3)$$

$$B1 = R_0 \cdot cot\left(\frac{45° + \phi/2}{2}\right)$$

$$(2.2.4)$$

ここに，　　q　：　管にかかる等分布荷重（kN/m²）

　　　　　　σ_v　：　Terzaghiの緩み土圧（kN/m²）

　　　　　　K_0　：　水平土圧と鉛直土圧との比（$K_0 = 1$）

　　　　　　ϕ　：　土の内部摩擦角（°）

　　　　　　P_0　：　上載荷重（10kN/m²）

　　　　　　γ　：　土の単位体積重量（kN/m³）

　　　　　　c　：　土の粘着力（kN/m²）

R_0 ： 土の緩み幅を考慮した掘削半径（m）
　　　　$D/2$ ＋土の緩み幅，また，$Bt/2$

D ： 管外径（m）

H ： 土被り（m）

Bt ： 土の緩み幅を考慮した掘削径（m）
　　　　土の緩み幅は，一般的に片側0.04 m.

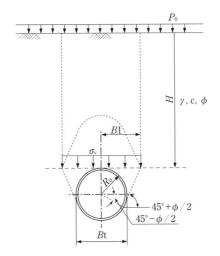

図-2.2.4　均一地盤における緩み土圧[14]

(ｲ)　多層地盤における緩み土圧の基本式（**図-2.2.5**）

$$\sigma_{v1} = \frac{B1(\gamma_1 - c_1/B1)}{K_0 \cdot tan\phi_1}\left(1 - e^{-K_0 \cdot tan\phi_1 \cdot H1/B1}\right) + P_0 \cdot e^{-K_0 \cdot tan\phi_1 \cdot H1/B1}$$

$$(2.2.5)$$

$$\sigma_{v2} = \frac{B1(\gamma_2 - c_2/B1)}{K_0 \cdot tan\phi_2}\left(1 - e^{-K_0 \cdot tan\phi_2 \cdot H2/B1}\right) + P_0 \cdot e^{-K_0 \cdot tan\phi_2 \cdot H2/B1}$$

$$(2.2.6)$$

162

$$\sigma_{vi} = \frac{B1\,(\gamma_i - c_i/B1)}{K_0 \cdot tan\phi_i}(1 - e^{-K_0 \cdot tan\phi_i \cdot Hi/B1}) + \sigma_{vi-1} \cdot e^{-K_0 \cdot tan\phi_i \cdot Hi/B1}$$

$$(2.2.7)$$

$$q = \sigma_{vn} = \frac{B1\,(\gamma_n - 2/B1)}{K_0 \cdot tan\phi_n}(1 - e^{-K_0 \cdot tan\phi_n \cdot Hn/B1}) + \sigma_{vn-1} \cdot e^{-K_0 \cdot tan\phi_n \cdot Hn/B1}$$

$$(2.2.8)$$

$$B1 = R_0 \cdot cot\left(\frac{45° + \phi_n/2}{2}\right)$$

$$(2.2.9)$$

　緩み土圧の計算式において，内部摩擦角が$\phi_i = 0$の場合は，次式を適用する.

$$\sigma_{vi} = (\gamma_i - c_i/B1)\,H_i + \sigma_{vi-1} \qquad (2.2.10)$$

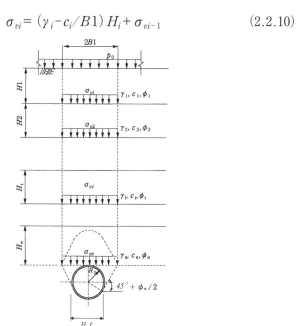

図 - 2.2.5　多層地盤における緩み土圧[14]

外圧荷重で施工時に作用する荷重において，先端抵抗力は，崩壊性地盤の場合は切羽土圧，自立性地盤の場合は，掘進機貫入抵抗が該当し，切羽水圧は分離して考慮する．周面抵抗力は，推進中に管外周面と地山との摩擦と付着に起因する抵抗力で，同じ土質でも直線区間と曲線区間で異なることに留意する．推進力は，これら先端抵抗力と周面抵抗力の総和以上を総推進力としての目安とするが，管路内の仮設備自重は考慮しない．

(5) 補助工法

推進工法では，立坑部にて，土留め不連続部，支圧壁背面部，土留め底面部において，また，推進部にて，発進および到達部，構造物近接部，鉄道・河川横断部での止水および地盤強化を目的として，補助工法を併用することが多い．補助工法の採用にあたっては，土質，地下水，施工環境などの事前調査を行うとともに，各種補助工法の特徴，施工実績，経済性などを勘案して，総合的な判断に基づいて行う．現在用いられている補助工法には，(ア) 地盤改良工法（薬液注入工法，浅深層混合処理工法，高圧噴射撹拌工法），(イ) 地下水位低下工法，(ウ) その他の工法（アンダーピニング），などがある．

(6) 推進管

推進工法に使用する鉄筋コンクリート製推進管において，下水道推進工法用鉄筋コンクリート管については，文献14）の規格によって，主に呼び径800~3,000の中大口径管推進工法に使用される．推進管は，**表-2.2.3**に示すように，形状により標準管と中押管に分類され，また，外圧強さ（ひび割れ荷重）により1種と2種に，コ

ンクリートの圧縮強度により50N/mm²以上と推進延長の長距離化
から70N/mm²以上に，さらに，文献18）の規定により，止水性に
関わる継手性能によりJA，JB，JCに区分されている．

表-2.2.3　管の種類[14) を編集]

種類				種類の記号	呼び径の範囲
形状	外圧強さ		圧縮強度	継手性能[*)]		
標準管	1種		50	JA JB JC	X51	800 ～ 3,000
			70		X71	
	2種		50		X52	
中押管	S		－	－	XS	1,000 ～ 3,000
	T	1種	50		XT51	
		2種	50		XT52	

*)　継手性能を以下に示す．

種類	耐水圧（MPa）	継手の抜出し長（mm）
JA	0.1	0～30
JB	0.2	0～40
JC	0.2	0～60

　標準管は，一般的に使用する管を標準管用，形状は，埋込みカ
ラー型であるが，推進区間の最終端部調整用として，カラーのない
管もある．標準管どうしの継手には，推進時の応力分散を図り，管
端面を保護するため，推進力伝達材（クッション材）を貼付ける．

　中押管は，SとTを組合わせ，内部に中押ジャッキを取り付け，
前後にスライドさせて使用する．中押管Sは，鋼製で1種，2種の
区分がない．また，中押管の呼び径は1,000以上としている．中押
管は，ジャッキによるスライドを容易にするため，中押管Tには，

中押用のシール材を2本用い，滑剤注入孔を4箇所設けてある．また，中押管Sの内径は，中押管Tより24mm大きくしてあり，この部分は，施工終了後，現場モルタル仕上げをし，標準管の内径に合わせる．　**表-2.2.4**に中押ジャッキの諸元および当輪の厚さ，**図-2.2.6**に中押管および中押ジャッキの配置例を示す．

表-2.2.4　中押ジャッキの諸元および当輪の厚さ[14] を改変して掲載　（単位：mm）

呼び径	ジャッキ				当輪の厚さ
	推進力 （kN）	ストローク	外径	長さ	
1,000 ～ 1,200	300		135	525	70
1,350 ～ 2,200	500	300	165	550	82
2,400 ～ 3,000	1,000		225	580	94

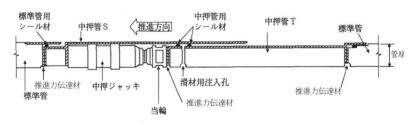

図-2.2.6　中押管および中押ジャッキの配置[14]

(7)　推進管の選定

　推進管は，材質，継手種別により区分され，各々で適用可能な呼び径，外圧強さ，軸方向耐荷力，有効長などが異なる．よって，推進管の選定条件としては，必要な呼び径を決定し，(ア) 外圧，(イ) 推進力，(ウ) 内水圧，(エ) 施工方法，(オ) 施工条件，などを考慮して，適切な推進管を選定する必要がある．

㋐　外圧

　推進管には，土圧，地下水圧，および上載荷重などの外圧が作用するため，これらの荷重に対して，十分な耐荷力を有する推進管を選定する必要がある．立坑内のマンホールなどの構造物に推進管を取り付ける場合は，鉛直土圧を埋戻し土による全土被り圧を採用することになり，荷重条件，防護工も含む支持条件も変わるので留意する．

㋑　推進力

　推進中に生じる反力は，すべて推進管で受けることになるため，推進延長，土質条件，および立坑後方に設ける支圧壁の耐荷力，元押ジャッキなどの推進設備の能力も勘案して，想定される推進力に十分耐えられる推進管を選定する必要がある．

㋒　内水圧

　雨水貯留管，伏越しおよび圧送管などは，供用時，推進管内部に内水圧が作用する．地下水圧との差圧によっては，推進管の横断面方向に引張力が作用することにもなるため，継手の止水性能も含めて，適用可能な推進管を選定する．

㋓　施工方法

　多様な施工条件に対応するため，近年では，掘進機，計測技術，滑材とその注入装置，推進管の高強度化などの技術開発が進展し，長距離施工や急曲線施工などの特殊な施工方法が普及するようになった．このような場合，通常の施工と異なる施工設備が付加されるため，標準管以外の特殊管も含めて，その適用について十分検討する．

(オ) 施工条件

　軟弱地盤では，推進管の自重による沈下に留意する．地形条件，立坑の立地条件が厳しい場合には，施工設備，推進管の搬入，立坑投入について支障がないように検討を行う必要がある．河川や鉄道下の横断施工では，供用時に設置した推進管上部からの補修や補強が困難である．よって，推進管に損傷が生じる場合も想定して，二重さや管構造などの採用により，安全性にも配慮した推進管の選定が必要になる．

(8)　推進管の横断面方向の照査方法

　推進管の横断面方向の設計における照査は，以下の手順にて行う．

(ア)　鉛直方向の管の耐荷力

$$q_r = \frac{1}{0.275 \times r^2} \times M_r$$

(2.2.11)

　　ここに，　　q_r ；　鉛直方向の管の耐荷力 (kN/m²)
　　　　　　　　M_r ；　外圧強さにより求まる管の抵抗モーメント (kNm/m)[*]
　　　　　　　　　　　　　[*]奥行き1mあたりのモーメント
　　　　　　　　r ；　管厚中心半径 (m)

(イ)　外圧強さより求まる管の抵抗モーメント

　管の外圧強さは，ひび割れ荷重および破壊荷重によって規定されている．ひび割れ荷重とは，管に幅0.05mmのひび割れが生じたときの試験機が示す荷重を管の有効長 (L) で除した値とし，破壊荷重は，試験機が示す最大荷重を管の有効長 (L) で除した値とする．

168

ひび割れ荷重による外圧強さより求まる管の抵抗モーメントは次式
による.

$$M_r = 0.318 \cdot P \cdot r + 0.239 \cdot W \cdot r \qquad (2.2.12)$$

ここに, P ： ひび割れ荷重による外圧強さ（kN/m）
$\qquad W$ ： 管の単位重量（kN/m）
$\qquad r$ ： 管厚中心半径（m）

㈦ 鉛直等分布荷重により管に生じるモーメント

鉛直等分布荷重によって管に生じる最大曲げモーメントは，120°
の自由支承を考慮すると，次式により算定する.

$$M = 0.275 \cdot q \cdot r^2 \qquad (2.2.13)$$

ここに, M ： 鉛直等分布荷重により管に生じる曲げモーメント（kNm/m）＊）
$\qquad$＊）奥行き1mあたりのモーメント
$\qquad q$ ： 等分布荷重（kN/m²） 2.2.設計手法(4)管に作用する荷重参照
$\qquad r$ ： 管厚中心半径（m）

㈢ 鉛直等分布荷重による管のひび割れ安全率

等分布荷重によって生じるひび割れ荷重の安全率fは，外圧強さ
により求まる管の抵抗モーメントM_rと鉛直等分布荷重により管に
生じる曲げモーメントMの比，または，鉛直方向の管の耐荷力q_r
と等分布荷重qとの比で，次式により表される.

$$f = \frac{M_r}{M} = \frac{q_r}{q} \geq 1.2$$

$$(2.2.14)$$

(9) 推進方向の管の耐荷力

推進管の推進方向の設計における照査は，総推進力が管の耐荷力以下であることを確認する．管の耐荷力の計算は，以下の手順で行う．

(ア) コンクリートの許容圧縮応力度

$$\sigma_{ca} = \frac{\sigma_c}{f}$$

(2.2.15)

ここに，　　σ_{ca} ： コンクリートの許容圧縮応力度 (N/mm²)
　　　　　　σ_c ： コンクリートの圧縮強度 (N/mm²)
　　　　　　f ： 安全率 (= 2)

推進管の管体コンクリートの圧縮強度は，$\sigma_c = 50\,\text{N/mm}^2$ および $\sigma_c = 70\,\text{N/mm}^2$ と示されており[18]，$\sigma_c = 50\,\text{N/mm}^2$ の場合，式 (2.2.15) によれば，コンクリートの許容圧縮応力度は，$\sigma_c = 25\,\text{N/mm}^2$ となる．

(イ) コンクリートの圧縮応力と圧縮ひずみの関係

$$\sigma = (3.72 \times 10^5 \varepsilon + 0.611 \times 10^8 \varepsilon^2 - 6.322 \times 10^{10} \varepsilon^3) \times 9.80665 \times 10^{-2}$$

(2.2.16)

ここに，　　σ ： コンクリートの圧縮応力度 (N/mm²)
　　　　　　ε ： コンクリートの圧縮ひずみ

式 (2.2.16) に $\sigma_{ca} = 25\,\text{N/mm}^2$ を代入すると，$\varepsilon = 649 \times 10^{-6}$ が得られる．

㈦　管体に生じる応力

　管体に生じる応力集中は，ひずみ集中ととらえ，次式により算定する．

$$\varepsilon_{max} = 1.872 \times \varepsilon_{mean} + 19.1 \times 10^{-6} \qquad (2.2.17)$$

　ここに，　　ε_{max}　；管の断面に生じる最大ひずみ
　　　　　　　ε_{mean}　；管の断面に生じるひずみの平均値

　㈦で求めた管体に生じるひずみ $\varepsilon = 649 \times 10^{-6}$ を式（2.2.17）の ε_{max} に代入して ε_{mean} を算定すると，$\varepsilon_{mean} = 336 \times 10^{-6}$ になる．この値を式（2.2.16）の ε に代入して，応力度に変換すると，許容平均圧縮応力度 $\sigma_{ma} = 13.0\,\mathrm{N/mm^2}$ が得られる．

㈢　推進方向の管の耐荷力

　管の許容耐荷力は，次式により算定する．

$$F_a = 1{,}000 \cdot \sigma_{ma} \cdot A_e \qquad (2.2.18)$$

　ここに，　　F_a　；管の許容耐荷力（kN）
　　　　　　　σ_{ma}　；コンクリートの許容平均圧縮応力度（N/mm²）
　　　　　　　A_e　；管の有効断面積（m²）　管端部の管の最小断面積

　呼び径3,000の推進管は，$A_e = 2.279\,\mathrm{m^2}$ であるため，$\sigma_{ma} = 13.0\,\mathrm{N/mm^2}$ とともに，式（2.2.18）に代入すると，$\sigma_c = 50\,\mathrm{N/mm^2}$ の場合，管の許容耐荷力 $F = 29{,}636\,\mathrm{kN}$ が得られる．文献14）には，コンクリートの圧縮強度 $\sigma_c = 50\,\mathrm{N/mm^2}$，$\sigma_c = 70\,\mathrm{N/mm^2}$ のそれぞれにつ

いて，管の許容耐荷力F_aが呼び径800から呼び径3,000まで記載されている．

(10) 推進力

推進抵抗力は，通常，㋐推進に伴う先端抵抗力，㋑管の外周および掘進機外周と土の摩擦抵抗力またはせん断抵抗力，㋒管の自重による管と土の摩擦抵抗力，㋓管と土との付着力，からなる．推進抵抗力は，以下に示す式により算定する．

① 下水道協会式

本式は，刃口推進工法に適用する．

$$F = F_0 + a \cdot \pi \cdot B_c \cdot t_a \cdot L + W \cdot \mu' \cdot L \tag{2.2.19}$$

$$t_a = \sigma \cdot \mu' + C' \tag{2.2.19.1}$$

$$\sigma = \beta \cdot q \tag{2.2.19.2}$$

$$\mu' = \tan \delta \tag{2.2.19.3}$$

$$F_0 = 10.0 \times 1.32 \cdot \pi \cdot B_s \cdot N' \tag{2.2.19.4}$$

ここに，　　F　；　総推進力（kN）

F_0　；　先端抵抗力（kN）

B_s　；　刃口外径（m）

B_c　；　管外径（m）

a　；　管と土の摩擦抵抗の生じる範囲にかかる係数（0.50〜0.75）

t_a　；　管と土のせん断力（kN/m²）

q　；　管にかかる等分布荷重（kN/m²）

W　；　管の単位重量（kN/m）

μ'　；　管と土の摩擦係数

σ　；　管にかかる周辺荷重（kN/m²）

β　；　管にかかる周辺荷重の係数（1.0〜1.5）

δ ；　管と土の摩擦角 (°)　$\delta = \phi / 2$ と仮定

C' ；　管と土の付着力 (kN/m^2)

N' ；　切羽芯抜きした場合の貫入抵抗値

　　　　普通土 (粘性土) 1.0

　　　　砂質土　　　　　2.5

　　　　硬質土　　　　　3.0

L ；　推進延長 (m)

②　泥水・土圧式算定式

本式は，中大口径の泥水式・土圧式推進工法に適用する.

$$F = F_0 + f_0 \cdot L \tag{2.2.20}$$

$$F_0 = (P_w + P_e) \cdot \pi \cdot \left(\frac{B_s}{2} \right)^2 \tag{2.2.20.1}$$

$$f_0 = \beta \{ (\pi \cdot B_c \cdot q + W) \mu' + \pi \cdot B_c \cdot C' \} \tag{2.2.20.2}$$

ここに，　　F ；　総推進力 (kN)

F_0 ；　先端抵抗力 (kN)

f_0 ；　周面抵抗力 (kN/m)

L ；　推進延長 (m)

P_w ；　チャンバー内圧力 (kN/m^2)

　　　　泥水式　$P_w = $ 地下水圧 $+ 20.0 \, (\text{kN/m}^2)$

　　　　土圧式 (砂質土の場合)

　　　　　　　$P_w = $ 主働土圧 $+$ 地下水圧 $+$ P $(20 \sim 50 \, \text{kN/m}^2)$

　　　　　　 (粘性土の場合) $P_w = $ 静止土圧 (kN/m^2)

P_e ；　切削抵抗 (kN/m^2) $P_e = $ N 値 $\times 10.0 \, (\text{kN/m}^2)$

　　　　ただし，N < 15 の場合，$P_e = 150 \, (\text{kN/m}^2)$

　　　　　　　　N > 50 の場合，$P_e = 500 \, (\text{kN/m}^2)$

B_s ；　掘削機外径 (m)

B_c ；　管外径 (m)

q ；　管にかかる等分布荷重 (kN/m^2)

W ： 管の単位重量（kN/m）

μ' ： 管と土の摩擦係数
$\mu' = tan\,(\phi/2)$ ϕ：内部摩擦角

C' ： 管と土の付着力（kN/m^2）
粘性土（N < 10）：C' = 8
固結土（N ≧ 10）：C' = 5

β ： 推進力低減係数

表-2.2.5 土質別の β 標準値（参考）[14]

土　　　質	推進力低減係数　β
粘　性　土	0.35
砂　質　土	0.45
砂　礫　土	0.60
固　結　土	0.35

③ 泥濃式算定式

本式は，泥濃式推進工法に適用する．

$$F = F_0 + f_0 \cdot S \cdot L \tag{2.2.21}$$

$$F_0 = (P_w + P_e) \cdot \pi \cdot \left(\frac{B_s}{2}\right)^2 \tag{2.2.21.1}$$

$$f_0 = 2 + 3 \cdot (G/100)^2 + 27 \cdot (G/100) \cdot M^2 \tag{2.2.21.2}$$

ここに，　F ： 総推進力（kN）

F_0 ： 先端抵抗力（kN）

S ： 管外周長（m）

L ： 推進延長（m）

P_e ： 切削単位面積当たりの推進力（kN/m^2）　$P_e = 4.0 \times$ N 値

P_w ： チャンバー内圧力（kN/m^2）$P_w =$ 地下水圧 + 20.0（kN/m^2）

B_s ： 掘削機外径（m）

f_0 ： 管周面抵抗力（kN/m）

G ： 礫率 (%)

M ： 最大礫長径／管外径

(11)　許容推進延長

許容推進延長は，管の推進方向耐荷力，推進設備の推進力および推進反力のいずれも許容値を満足する必要があり，次式により算定する.

$$L_a = (F_r - F_0)/f_0 \qquad (2.2.22)$$

ここに，L_a ： 許容推進延長 (m)

F_r ： F_a 式 (2.2.18) と F_m および R 式 (2.2.23) を比較して最も小さい値 (kN)

F_m ： 元押ジャッキ推力 (kN)：機材メーカー資料などによる

F_0 ： 先端抵抗力 (kN)

f_0 ： 周面抵抗力 (kN/m)

ただし，推進反力 R は，次式により算定する.

$$R = a \cdot B \left(\gamma \cdot H_0^2 \cdot K_p / 2 + 2C \cdot H_0 \sqrt{K_p} + r \cdot h \cdot H_0 \cdot K_p \right) \qquad (2.2.23)$$

ここに，R ： 推進反力 (地山の耐荷力) (kN)

B ： 支圧壁幅 (m)

γ ： 土の単位体積重量 (kN/m³)

K_p ： 受働土圧係数 $[tan^2(45° + \phi/2)]$

ϕ ： 土の内部摩擦角 (°)

C ： 土の粘着力 (kN/m²)

a ： 係数 (1.5 〜 2.5)

H_0 ： 支圧壁の高さ (m)

h ： 地表の深さ (m)

推進延長Lとの照査は，下記の要領にて行う．

$L_a \geq L$　の場合は，元押ジャッキ設備のみで推進可能である．

$L_a < L$　の場合は，中押工法またはスパンの分割を検討する．

2.3. 施工方法

(1) 中大口径管推進工法

㈎ 刃口推進工法

切羽の安定は，各種の土留めジャッキによる方法，地盤改良工法による地盤強化，地下水低下工法による地下水流入防止などがあり，土質条件により適切な方法を選定する．掘削は，地盤の緩み，沈下を防ぐため，刃口を地山に貫入した状態を保ちながら行う．また，先掘り，余掘りなどの土の取込み過ぎを避ける．推進設備は，ジャッキの能力，本数とその配置，また，油圧ユニットの配置などを適切に行い，常に良好な状態となるよう管理する．推進作業は，刃口，推進管，支圧壁の安定，保護を図り，刃口と推進管の方向，勾配，および高さを正確に管理する．推進中は，推進力による管端部の破損，端部の目開き，端部からの漏水，滑剤の漏洩，坑口の止水リングや支圧壁の異常などの常時監視を行い，早期に対応を図る必要がある．

㈏ 泥水式推進工法

① 切羽の安定

切羽の安定には，切羽面での泥膜の形成および所定の切羽泥水圧の保持が必要となる．切羽に難透水性の泥膜を形成するには，土質に適合した泥水の性状を保つ必要があり，泥水の品質管理項目，管理基準値を設けて品質を計測し，維持管理を行う．泥水性状の管理

項目としては，比重，粘性，濾水量，砂分濃度，pHなどがあり，必要に応じて物性の調整を行う．**図-2.3.1**に泥水式掘進機の例を示す．

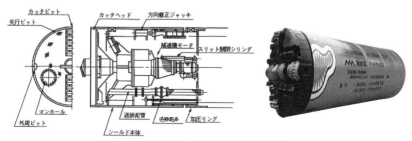

図-2.3.1　泥水式掘進機[14),19)]

② 流体輸送の状態

　掘削土砂は，泥水とともに排泥管内を流体輸送され，地上の処理設備まで圧送される．流体輸送では，排泥管内での土砂の沈殿により管路が閉塞しないように，沈殿限界流速より速い流速を保つ必要がある．そのために，排泥流速を事前に算定した設定流速以上に保つように流量を調節する．推進延長や排泥管内抵抗などが増大する場合は，排泥ポンプを増設して対応する．**図-2.3.2**に流体輸送設備の概要を示す．

③ 掘進機および推進設備

　推進中は，掘進機，推進装置，滑材注入設備，送排泥設備，および泥水処理設備の機器が同時に稼働しており，全体として調和の取れた運転状態が重要になる．よって，各機器の稼働データを集約し，一括で制御できる集中管理装置を用いる必要がある．

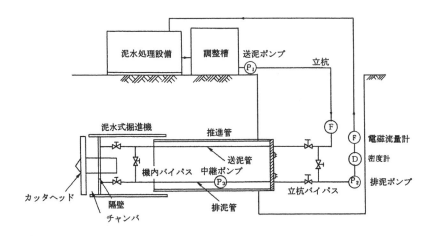

図-2.3.2　流体輸送設備[14)]

④　掘進精度

　掘進時には，事前に計画路線に対する許容誤差を定め，許容範囲に収まるように掘進機の方向制御を行う．掘進機の方向制御は，誤差が小さいうちに方向修正を加え，掘進軌跡による最大誤差が許容値を越えないように管理する．

⑤　推進管の状態

　推進中は，推進力による管端部の破損，端部の目開き，端部からの漏水，滑剤の漏洩，坑口の止水リングや支圧壁の異常などの常時監視を行い，早期に対応を図る必要がある．

㈱　土圧式推進工法

①　切羽の安定

　切羽の安定には，チャンバー内に充満した泥土がチャンバー内土

圧を維持するのに適した性状であること，切羽土圧および地下水圧に見合うチャンバー内土圧を保持することが必要になる．泥土は，チャンバー内の泥土が加圧されたままチャンバー内を移動し，スクリューコンベヤーから排出される性状（塑性流動性）を有していなければならない．通常は，掘削土砂に添加材を混入，撹拌することによって塑性流動性を得る．**図-2.3.3**に土圧式掘進機の例，**図-2.3.4**にスクリューコンベヤーの種別を示す．なお，チャンバー内土圧の保持方法は，推進速度とスクリューコンベヤーの回転数を調節して行う．

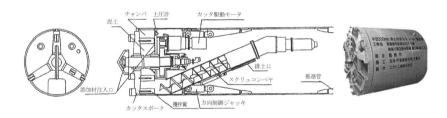

図-2.3.3　土圧式掘進機[14),20)]

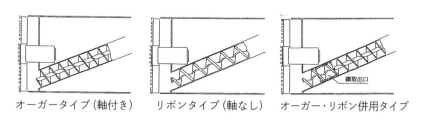

オーガータイプ（軸付き）　　リボンタイプ（軸なし）　　オーガー・リボン併用タイプ

図-2.3.4　スクリューコンベヤーの種別[14)]

② 　泥土搬送の状態

泥土の搬出方法は，トロバケット方式とポンプ圧送を用いた連続

排土方式が一般的である．ポンプ圧送方式は，掘削と連動するため，推進速度に見合う排土量となるような運転制御が必要となる．ポンプの圧送性は，泥土の性状に大きな影響を受けるため，搬送距離，ポンプ圧力，排土量，および推進速度を総合的に勘案して，適正な状態に保つようにする．また，添加材の注入量と配合は，地山の粒度組成に応じて設定するが，一定区間ごとに切羽の安定状況，地山の性状，および掘進機の稼働状況から注入効果の確認を行いながら決定し，その結果を以降の施工にフィードバックさせることが重要である．

③　掘進機および推進設備

推進中は，掘進機，泥土搬送設備，推進装置，および滑材注入設備などの各機器がほぼ同時に稼働しており，全体として調和のとれた運転状態に保つ必要がある．推進中の最も重要な管理項目は，チャンバー内土圧であり，所定の圧力を保持するために推進速度とスクリューコンベヤーの回転数を調節する．また，切羽の安定を確認する方法としては，掘削土量を計測する方法が用いられるが，トロバケット式（体積と重量）とポンプ圧送方式（密度と流量）で異なる計測方法が用いられている．

④　掘進精度

泥水式推進工法と同様の精度管理が求められる．

⑤　推進管の状態

泥水式推進工法と同様の監視項目，早期の対応が求められる．

㈡　泥濃式推進工法

①　切羽の安定

　切羽の安定は，チャンバー内に注入した高濃度泥水により切羽面に泥膜を形成し，泥水の液圧により保持される．チャンバー内に注入された高濃度泥水は，掘進機の外周を通って推進管の外周にも供給されることで，外周地山の崩壊防止および推進管と地山との摩擦抵抗の低減が得られる．チャンバー内圧力下の掘削土砂は，排泥バルブを通過して坑内に取り出されるため，チャンバー内圧力は，排泥バルブの操作により調節される．排泥バルブは，圧縮空気により開閉動作や保持圧力の調節を行う機構になっており，泥濃式推進工法の重要な機器となっている．高濃度泥水に用いられる材料は，粉末粘土，増粘材および目詰材であるが，泥水性状の改善を目的とした各種添加材も普及している．固結粘性土を掘削する場合は，カッターヘッドやチャンバー内での掘削土砂の付着防止を目的とした付着防止用の添加材が用いられることもある．

② 掘削土砂の吸引搬送の状態

　掘削土砂の搬出方法は，吸引搬出方式とトロバケット方式であるが，礫を含む土質以外は，主に吸引搬出方式が用いられる．吸引搬送方式では，掘削と排土が連続した並行作業になるため，推進速度に見合う排土量となるよう装置の制御を行う．また，掘削土砂の吸引搬出性能は，掘削土砂の性状，礫の大きさや含有率に左右されるので，現場の特性を十分把握して，搬出能力が発揮できる運転制御を行う必要がある．

③ 掘進機および推進の設備

　泥土搬送設備以外の設備は，土圧式推進工法と共通である．

④ 掘進精度

　泥水式推進工法と共通の精度管理が求められる．

⑤　推進管の状態

　泥水式推進工法と共通の監視項目，早期の対応が求められる.

(2)　推進工

㋐　初期掘進工

　初期掘進工の施工上の留意点を以下に記す.

①　発進坑口背面の地盤安定

　発進時は，地盤改良区間を通過することにより，地盤改良材の切削屑，未固結セメントなど影響により，掘進機の掘削トルクの支持条件が定常掘進時に比べて劣りやすい. また，掘削トルクが過大となると掘進機のローリングも生じやすくなる. よって，切羽の安定を図るため，掘削状態に特に注意しながら，推進速度を遅くして慎重に掘進を行う.

②　掘進機の方向精度

　発進時は，発進坑口と掘進機のせり，立坑周辺の地山の緩みなどにより，掘進機重量の支持条件が不安定になりやすいため，掘進機の方向が鉛直方向に狂いやすくなる. よって，掘進機が地山に入るまでは，掘進機の方向に注意しながら，慎重に発進させる.

③　坑口の止水および掘進機の推進

　通常，掘進機と推進管には外径差があるため，接合部が坑口を通過する際に，泥水，泥土，または地下水が流出するおそれがある. そのため，発進時には，特に坑口部の通過状況を観察し，異常の有無を確認しながら推進を行う. 発進立坑からの推進距離が短い区間では，管の接続時で元押ジャッキを戻す際に，掘進機も前面の土水圧により後続の推進管ごと押戻されることがある. 推進管が後退す

ると，坑口の止水用ゴムが反転し，地下水の流出が生じるおそれも
あるため，推進管接続時の後退防止対策が必要になる．

㋑　到達工

到達立坑の周辺の地山にあっては，地下水が多く，崩壊しやすい
土質の場合，掘進機到達時に地下水を含んだ土砂が立坑内部に流入
することがある．また，掘進機と到達坑口の取付け位置にずれが生
じると，立坑内に土砂が流入するなどの危険性が高くなる．よって，
発進坑口と同様に，必要に応じて，地盤改良工法，地下水位低下工
法により，あらかじめ地盤の強度増加，地下水の流入防止を図って
おく必要がある．

㋒　滑材注入工

推進中の推進抵抗力を低減させるため，推進管の外周部に滑材を
注入する作業であり，下記事項に留意する．

①　土質条件

滑材注入工は，地盤沈下抑制や推進管内への漏水防止の役割を果
たすため，滑材の種類，注入圧，注入量の事前検討に加え，土質変
化に対応した適切な施工を行う必要がある．

②　滑材の選定

滑材は，一般に，良質のベントナイト（250メッシュ以上）に添加
材を混合したものが使用されている．滑材は，注入圧により地山へ
の浸透とともに地下水により希釈されるため，砂礫地盤では，特に
浸透性の低い物性を持つ材料を選定するなど，土質条件に適合した
滑材を適用する必要がある．滑材を浸透性，希釈性から分類すると，
混合型，一体混合型，固結型，粒状型などとなる．滑材の選定は，
土質，推進距離，呼び径，および施工条件を総合的にみて適切に判

断する.

③　注入孔

推進管の注入孔から注入された滑材は，テールボイド（掘進機と推進管の外径の差の空間）に沿って全周に充填する必要があるため，下記事項に留意する.

　　ⅰ）注入孔の位置はできるだけ推進管の上部に配置する.

　　ⅱ）推進管径が大きい場合は，複数の注入孔を設け，注入圧，注入量の推移を確認しながら最適な注入位置を選択する.

　　ⅲ）土質や推進距離に応じて，滑材の浸透，劣化防止のため，後方の推進管の注入孔から追加注入を行う．また，滑材は，推進管の継手および発進坑口などから漏洩することがあるので注意する.

　　ⅳ）崩壊性土質では，滑材が逆流する場合があるため，逆止弁付注入孔を使用する．また，圧力計は注入孔近くに設け，閉塞に備えて定期点検を行う.

④　注入方法

通常，グラウトポンプにて坑外より滑材を圧送し，適切な注入圧で推進管の全外周に行きわたるようにする.

⑤　注入圧と注入量

滑材は，推進管の外周に行きわたるように必要な注入圧を保つ必要がある．そのため，注入ポンプには，可変容量タイプを使用し，圧力調整を行いながら，推進速度に見合う注入速度を保つようにする．注入圧は，地上や切羽への漏洩のないように上限値を設定し，上限値を越えないように管理する．また，テールボイドの理論注入量と実施注入量との比を注入率といい，注入率が過大になると，滑

材が地上や切羽へ漏洩している可能性がある．よって，土質，地下水圧の施工条件と，注入圧および注入量を総合的に勘案して，注入管理を行う必要がある．

㈘　裏込め注入工

滑材の種類によっては，長期間で地山浸透，脱水および劣化が生じ，テールボイドに地山の土砂が崩壊することによる地盤の変形や沈下がもたらされる．これらの現象を防止するとともに，推進管継手部の漏水防止を図ることを目的として，裏込め注入工を行う．裏込め注入工に関する留意事項を以下に示す．

①　裏込め注入材料

裏込め注入材には，一般に，不透水性を得るため，セメント，フライアッシュ，ベントナイトなどが用いられ，流動性，充填性向上のため，AE 剤，分散剤，気泡剤などの混和剤が添加される．裏込め注入材には，土質に最も適した硬化性のあるものを使用し，耐腐食性，化学的安定性，および低収縮性などの長期安定性にも配慮する．

②　注入方法

裏込め注入には，滑材注入と同様の注入設備，注入方法を適用する．注入孔は上向きに配置し，注入作業は，推進完了後ただちに行い，各推進管に設けられた注入孔から順次注入を行う．注入中，注入後には複数の注入孔を利用して，注入状況を確認する．

㈙　目地工

推進管の継手部から地下水の浸入を防止するため，目地工が施される．目地詰めには，硬練りのモルタル（1:2），エポキシ樹脂，急結セメント，無収縮モルタルなどを用いる．目地工では，管の目地

溝を十分清掃し，モルタルがはく離しないように処置し，慎重に充填して水分が侵入しないよう留意する．大口径推進管では，モルタル充填を2回に分ける．**写真-2.3.1**に推進工の状況，および坑内の施工状況の例を示す．

写真-2.3.1　推進工および坑内の施工状況（右は曲線造形装置）[21]

参考文献

1) （公社）土木学会；ものしり博士のドボク教室HP；東京湾アクアラインコーナー，シールドマシンってなあに？．

2) （公社）土木学会；2016年制定トンネル標準示方書［共通編］・同解説／［シールド工法編］・同解説，丸善出版，2016.

3) （公社）土木学会；2017年制定コンクリート標準示方書［設計編］，丸善出版，2018.

4) （公社）土木学会；トンネルライブラリー第23号，セグメントの設計［改訂版］，丸善，2010.

5) （公社）土木学会・（公社）日本下水道協会；シールド工事用セグメント-下水道シールド工事用セグメント（JSWAS A-3，4-2001），日本下水道協会，2001.

6) フジミ工研（株）HP；RCセグメント，コッター・クイックジョイントセグメント．

7) 大豊建設（株）HP；工法技術，泥土加圧シールド工法．

8) 中性固化土工事業組合HP；リサイクル技術，高含水土固化リサイクルシステム．

9) 川崎重工業(株)HP；産業，機械，泥水式シールド.

10) サンエー工業(株)HP；製品情報・処理.

11) 喜多機械産業(株)HP；取扱い商品，水処理・土壌分析.

12) 日本シールドセグメント技術協会HP；セグメントについて，RCセグメントについて(コーンコネクターセグメント).

13) 南野建設(株)HP；事業案内，推進工法.

14) (公社)日本下水道協会；下水道推進工法の指針と解説-2010年版-，2017.

15) (公社)日本下水道協会；下水道用設計積算要領-管路施設(シールド工法編)-2002年版-，2002.

16) 日本製鉄(株)HP；製品情報，建材，製品一覧(HCCPセグメント)，中川ヒューム管工業(株)，製品工法一覧，推進管.

17) (公社)地盤工学会；推進工法の調査・設計から施工まで，1997.

18) (公社)日本下水道協会；JSWAS下水道推進工法用鉄筋コンクリート管(呼び径800~3000) JSWAS A-2-1999，2002.

19) 株式会社イセキ開発工機より提供.

20) ジオリード協会HP；事業内容，工法紹介，泥土圧・土圧式マッドマックス工法：工法概要.

21) 奥村組土木興業(株)HP；施工実績，河川・港湾・上下水道，幹線交差点部送水管推進工事，および技術紹介，長距離急曲線推進工法(コスミック工法).

第2章　P＆PCセグメント工法

1．P＆PCセグメント工法とは

1.1．概要

　P&PCセグメント工法は，あらかじめシースを埋込んだ鉄筋コンクリート製のセグメントをシールド後部で1リング分を組み立てた後，セグメントに設けた切欠きからPC鋼より線を挿入し，緊張定着することによって，トンネルの横断面方向（用途に応じて縦断方向）にプレストレスを導入することを特徴とした新しい構造のセグメント（以下，P&PCセグメントと称す）を用いるシールドトンネル工法である．PC鋼より線は，摩擦損失の少ないアンボンドPC鋼より線を使用するため，セグメントリング1周あたり1箇所の緊張で十分なプレストレスを導入することができる．また，緊張定着体は，緊張側と固定側の定着体が一体となった鋳鉄製一体型定着体（Xアンカー）をセグメント製作時にあらかじめ埋込んで使用することにより，定着部背面の補強鉄筋が簡素化できるうえ，緊張作業性が向上する．P&PCセグメントは，先に開発されたPC-ECL工法（未実用化）のPC内型枠をシールド工事用鉄筋コンクリートセグメントに発展させたものである[1)~5)]．P&PCセグメントとPC-ECL工法のPC内型枠との相違点は，PC内型枠が後打ちコンクリートとの合成構造で成り立つのに対し，P＆PCセグメントは，二次覆工が省略される場合は，単体で土圧，水圧，および施工時荷重，または内水圧，地震時荷重に抵抗する過酷な条件での適用となり，より高度な性能が求められる．また，シールド工法で用いられる鉄筋コンク

リート系セグメントでは，施工の省略化やコスト縮減に着目して多種多様化の傾向にあるため，P&PCセグメントも構造上の特徴に加え，当時の新技術ニーズに即した目的で開発された．**図-1.1.1**にP&PCセグメント工法の概要を示す．なお，本工法は，シールド工法技術協会登録工法である．

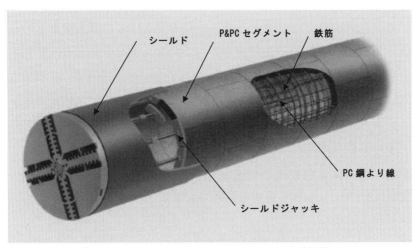

図-1.1.1　P & PCセグメント工法の概要[6)を編集]

　従来用いられてきた鉄筋コンクリート製セグメントを用いる工法と比較して、P&PCセグメントの工法の特長を示すと以下のとおりとなる．

(ア)　セグメント継手金物の省略，主鉄筋の簡素化，および二次覆工省略やセグメント桁高低減によるシールドトンネル外径の縮小化などにより，全体的な建設コストの低減が可能となる．

(イ)　セグメントリングをプレストレストコンクリート構造とすることにより，ひび割れの発生が抑制でき，真円性，止水性，

耐久性に優れたセグメントとなる.

(ウ)　高い内水圧が作用するトンネルの場合,プレストレスを導入することにより,コンクリート部材を全断面圧縮状態に保つことが可能であるため,構造的な安定性と止水性が確保される.

(エ)　ボルト,ナット,継手板などの継手金物類がセグメント表面に露出しない,継手部の止水性が高いなどの理由により,内面平滑型セグメントとして,二次覆工を省略することができる.

(オ)　トンネル縦断方向をアンボンドPC鋼より線を使用して連結することで,トンネル全体が柔軟な構造となり,地震時の地盤変位に追随しやすく,耐震性が向上する.

(カ)　プレストレスを導入することで,セグメントどうしが一体化されるため,セグメント継手の締結にボルトやナット類が不要となるため,施工の省略化が可能となる.

P&PCセグメント工法の施工フローを**図-1.1.2**に示す.

①シールドジャッキ解放

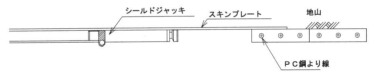

②P＆PCセグメント組立

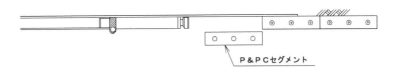

③PC鋼材挿入、緊張

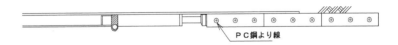

④シールド機掘進

図-1.1.2　P＆PCセグメント工法の施工フロー[7]

1.2. 覆工構造

　P&PCセグメントは，あらかじめセグメントを工場製作時にシースを埋込んだ鉄筋コンクリート製セグメントをシールド後部で1リング分組み立てた後，セグメントの一部に設けた切欠きからPC鋼より線を挿入し，緊張定着することによって，プレストレスを導入

192

することを特徴としている.

　PC 鋼より線は, 鋼線とポリエチレン被覆材との隙間に油脂を充填した摩擦損失の少ないアンボンド PC 鋼より線を使用するため, セグメントリング 1 周あたり 1 箇所のセンターホールジャッキによる片引き緊張で必要なプレストレスを導入できる. セグメントの組立ては, シールドジャッキにより既設のセグメントリングに押付けて固定する方法を標準とし, セグメント継手, リング継手ともにほぞを設けることはあっても, ボルト接合などは用いない. ただし, リング継手には, セグメント組立て施工性の向上を目的として, ピン挿入型継手を適用する場合があるほか, 耐震性能や止水性の向上を目的として, トンネル縦断方向にも, アンボンド PC 鋼より線を配置して, プレストレスを導入する場合もある. **図-1.2.1** に P&PC セグメントの構造図を示す.

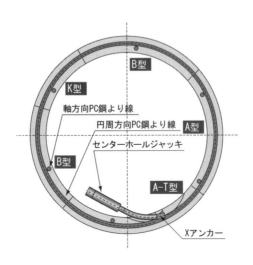

軸方向PC鋼より線
円周方向PC鋼より線
センターホールジャッキ
Xアンカー

アンボンドPC鋼より線

Xアンカー

図-1.2.1　P＆PCセグメントの構造[6]

　セグメントリングの横断面方向にプレストレスを導入した直後には，セグメント継手全面に圧縮力が作用し，セグメント組立て時に生じた継手目開きはなくなることで，セグメントリングが真円状態になる．そのため，セグメントリングは，組立て直後からプレストレス導入の過程で半径方向に幾分収縮する．よって，リング継手に

ピン挿入継手を適用する場合は，半径方向に対する変位を若干許容する構造とする必要がある．**図-1.2.2**にP&PCセグメントの組立て手順を示す．

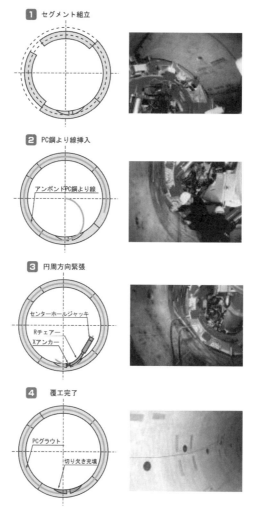

図-1.2.2　P&PCセグメントの組立て手順[6)]を編集

1.3. 施工方法

(1) セグメント組立て

　セグメントの組立ては，工場で製作されたP&PCセグメントを発進立坑下に搬入後，専用台車に搭載して坑内を運搬し，シールドテール部においてエレクターを使用して行う．セグメント組立て前には，シース内に異物が混入していないことを確認する．

　エレクターによりセグメントを所定の位置に設置し，リング継手に設けたほぞを利用して，シールドジャッキにより既設リングに押付けて固定する方法により，下部のセグメントから順番に左右交互に組み立て，最後にKセグメントを挿入する．セグメント組立ては，覆工の仕上がり精度およびPC鋼より線の挿入の容易さに直接影響を及ぼすため，所定の位置に正確に組み立てられていることが重要になる．また，通常のコンクリート系セグメントの組立て時に留意すべき事項と同様，リング継手およびセグメント継手に貼付された止水用シール材がセグメント組立て時に損傷しないように留意する必要がある．P&PCセグメントの組立て状況を**写真-1.3.1**に示す．

Aセグメント組立て

Bセグメント組立て

Kセグメント組立て

写真-1.3.1　P&PCセグメントの組立て[7] を編集

(2)　アンボンドPC鋼より線の挿入・緊張

　アンボンドPC鋼より線の挿入・緊張作業は，序章 4.施工方法
4.1.プレストレッシングに準じる．P&PCセグメント組立て完了後，

197

内面の切欠きからシース内部に，アンボンドPC鋼より線を人力により挿入する．挿入作業は，セグメント継手部や緊張定着具とシースの接続部に若干の段差があっても，鋼線先端がその段差に衝突した時点で先端のよりが解けて挿入が困難になる．よって，アンボンドPC鋼より線の先端に丸い鋼製キャップを取り付けてビニルテープなどで固定してから挿入するとよい．また，アンボンドPC鋼より線は，所定の長さに加工し，片引き緊張の場合の緊張側は，定着具先端から緊張に必要な余長を含めた長さ，固定側は定着具の取付けに必要な長さのポリエチレン管に切れ目を入れた状態で搬入すると，取外しが容易になる．端部ポリエチレン管を外した後のPC鋼より線表面に付着した油脂は丁寧に除去してから，Rチェアとセンターホールジャッキをセットする．固定側緊張定着具の取付けでは，定着具端面からPC鋼より線が25 〜 30 mm程度の長さとし，PCグラウト施工時のグラウトキャップ取付けに支障のないようにする．次に，Rチェアの機能により，緊張方向を内側に変えながら，トンネル横断面方向に沿った緊張作業を行う．なお，Rチェアは，PC鋼より線の緊張力に伴う腹圧に耐える十分な強度，センターホールジャッキが緊張時にセグメントと接触しない曲率を有し，先端部は，緊張定着具のくさび押込みに支障のない形状で製作する．センターホールジャッキは軽量小型のものが扱いやすいが，ストロークが不足する場合は，2回に分けて緊張を行う．Rチェア先端には，くさび押込み装置はないため，緊張ポンプの操作により，所定の圧力まで達した後，圧力を開放した時点でくさびが定着具に吸い込まれて定着が完了する．

　トンネル縦断方向にプレストレスを導入するため，リング継手方

向を緊張する場合は，同じ方法でトンネル横断面方向の緊張終了後
に行うが，シールド掘進中に併行して行うこともできる．

　PC鋼より線の品質を確認するため，使用する前に**表-1.3.1**によ
り試験を行う必要がある．ただし，JIS規格に適合するPC鋼より
線は品質が保証されているため，**表-1.3.2**の外観検査により，有
害な腐食，傷，汚れ，および変形を受けていないことが判明してい
る場合には試験を省略できる．なお，入荷時に良好な状態であって
も，現場における長時間の貯蔵のため腐食や変形が生じたものは，
試験によって品質を確認する．

表-1.3.1　PC鋼より線の品質管理および検査項目[7]

種　　類	項　　目	試験・検査方法	時期・回数
PC鋼より線	JIS G 3536の 品質項目	製造会社の試験成績 表による確認または JIS G 3536の方法	工事開始前および 工事中1回／月以上
JIS以外の PC鋼より線	必要とする項目	製造会社の試験成績 表による確認または JIS G 3536, JIS G 3109, JIS G 3137等に準じた 方法	工事開始前および 工事中1回／月以上

表-1.3.2　PC鋼より線の外観検査[7]

項　　目	検査方法	判定基準
表面の状態	目視	PC鋼より線表面に有害な腐食，よごれ，傷がないこ と，および全体的に有害な変形が認められないこと

　PC鋼より線の緊張定着が完了したら，緊張側においても緊張
定着具端面からPC鋼より線を25〜30mm残した状態で切断する．
セグメントの緊張定着用切欠きは，狭小なため，PC鋼より線専用

切断機を使用することにしている（加熱を伴うガス切断は禁止）．アンボンドPC鋼より線の挿入，緊張状況を**写真-1.3.2**に示す．

アンボンド PC 鋼より線の挿入

アンボンドPC鋼より線

円周方向の緊張作業

トンネル縦断方向の緊張作業

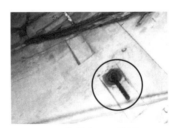
緊張定着完了の状況

写真-1.3.2　アンボンド PC 鋼より線の挿入，緊張定着[7] を編集

(3)　PC グラウトおよび跡埋め充填

　PC 鋼より線を緊張定着した後，PC 鋼より線とシースの隙間を充填して鋼材の腐食を防止するため，PC 鋼より線を挿入したシース内部に PC グラウトを注入する．PC グラウトの施工は，序章 4.施工方法 4.3.PC グラウトの施工に準じる．PC グラウトの注入は，排出口から一様なコンシステンシーのグラウトが十分流出するまで中断しないで連続して行う．注入後，PC 鋼より線が定着されている切欠き表面に接着剤を塗布し，無収縮モルタルを充填する．トンネル内面に高度な水密性が要求される場合は，さらに，充填した切欠き表面にエポキシ樹脂で被覆を行う．二次覆工がある場合は，跡埋め充填を省略できる．なお，注入および充填作業は，シールド掘進サイクルとは別に，後工程で行うことができる．

　PC グラウトは，緊張材および定着体を充分に包み，これを錆びさせないように保護するとともに，付着を必要とする場合には，シースを介してコンクリート部材と緊張材とが一体となる品質のものでなければならない．よって，ノンブリージング型混和剤を配合した PC グラウトを使用する．また，円形に配置したシースに PC グラウトを注入する際は，セグメントの頂部から下り勾配に至る過程で PC グラウトの先流れ現象による未充てん部（残留空気）が生じやすく，特にセグメント内径が大きくなるとその発生が顕著となる．よって，高粘性ノンブリージング型 PC グラウトの利用が効果的である．ただし，PC グラウトポンプの注入圧力が上がり，注入口で暴発することもあるため，注入用ホースの強度とホースの強固な取付け方法に配慮する必要がある．

　以上の留意点を含め，PC グラウトを安全かつ確実に行うため，

セグメント内径に応じて，**表-1.3.3**に示すPCグラウトの使用を標準とする．また，**表-1.3.4**にそれぞれの標準配合と品質管理基準の例を示す．

表-1.3.3　P&PCセグメントの外径とPCグラウトの種類[7) を編集]

P&PCセグメントの外径	PCグラウトの種類
4,500mm　以下	高粘性ノンブリージング型，または高揺変性ノンブリージング型[*)]
4,500mm　超え	高揺変性ノンブリージング型

*) チキソトロピーを有する性質のもの；剪断応力を受け続けると粘度が次第に低下し液状になり，静止すると粘度が次第に上昇し最終的に固体状になる．

表-1.3.4　PCグラウトの標準配合および品質管理基準(例)[7) を編集]

種類	標準配合				品質管理基準			
	水セメント比	単位量(kg)			流動性	ブリージング率	圧縮強度	塩化物含有量
		セメント	水	混和剤				
高揺変性型	40%	100(BB)	40	4.0	JASSフロー60~80mm	0%	30N/mm² 以上	普通ポルトランドセメントを使用した場合；C×0.08質量%以下 それ以外のセメントを使用した場合；0.3kg/m³以下
高粘性型	42.5%	100(N)	42.5	1.0	JP漏斗硫化時間14~23秒60~80mm			

⑷　PC鋼より線の緊張管理

PC鋼より線の緊張管理手法は，序章 4.施工方法 4.2.緊張管理に準じて行うが，P&PCセグメント工法に適用する場合の留意点を以下にまとめる．

㋐　荷重計のキャリブレーション

緊張作業用機械器具のうち，引張装置は，ジャッキ，ポンプおよびその付属品から構成される．引張装置の荷重計を使用する前にデ

ジタル式圧力計などを用いてキャリブレーションを行う．また使用中も衝撃を与えた場合には，キャリブレーションを再度行う．圧力計示度と実際の緊張力との誤差の主因は，①圧力計自身の誤差によるもの，②ジャッキの機械的損傷によるものの2つが考えられるが，特殊な事情を除き，②の変動はほとんどないので，主として①を対象にキャリブレーションを行う．ただし，ジャッキの機械的な故障による内部摩擦損失の増大もあるため，定期的にデジタル式圧力計などを用いて直接引張力を調べるとよい．

(イ)　摩擦係数と緊張材の見掛けのヤング係数の測定

①　引張装置の内部摩擦損失

　ポンプ付属の圧力計示度は，その装置およびRチェアの内部摩擦，またはPC鋼より線と定着具との間の摩擦のため，PC鋼より線自身の緊張力を示すものではない．よって，事前にこの内部摩擦損失を求める．内部摩擦損失の測定は，センターホールジャッキ，Rチェア，定着具にPC鋼より線を通し，その前後に荷重計付きロードセルを用いて，緊張力を直接測定することにより得られる．

②　PC鋼より線とシースとの間の摩擦損失

　ジャッキ端で計測するPC鋼より線の引張力は，ジャッキ端より離れるに従い，PC鋼より線とシースとの摩擦により減少する．アンボンドPC鋼より線を用いる設計では，一般に，摩擦係数を μ ＝0.06（1/rad），λ ＝0.002（1/m）と仮定して摩擦損失を求めている．しかし，実際の値とは異なることがあるため，現場において試験を行い，設計値を補正する．

　現場における測定としては，シールド後部で最初のP&PCセグメントを組み立て後，アンボンドPC鋼より線をシースに挿入し，

緊張定着用くさびを入れずに，緊張側，固定側定着具端面に荷重計付きロードセルを通し，緊張側には，Rチェア，センターホールジャッキを取付け，緊張端，固定端とも最後部に着脱可能な定着具をセットして，緊張端，固定端の緊張力の差を直接測定することにより得られる．さらに，センターホールジャッキ後部に荷重計付きロードセルがあれば，①の測定を同時に行うことができる．

③　緊張材の見掛けのヤング係数

　緊張作業の際に測定されるPC鋼より線の伸び量から求めた見掛けのヤング係数は，PC鋼より線の弾性的な伸びだけでなく，セグメント継手目開きの消失やアンボンドPC鋼より線のセグメントリング中心方向への移動なども影響するため，PC鋼より線の材料試験から求められるヤング係数に比べかなり低い値となる．このため，緊張管理には，実測で得られたPC鋼より線の伸びによる見掛けのヤング係数を使用しなければならない．

㈡　定着時のセットロス

　定着具にくさびをセットして，ジャッキの圧力を緩めた際，PC鋼より線はくさびとともにPC鋼より線の引張力によって，わずかに定着具内に引込まれ，PC鋼より線の緊張力を減少させる．これをセットロスという．定着時のセットロスは，定着具ごとに定めた生産者指定の標準値を設計に用いている．したがって，導入緊張力の許容限界内に入る許容セット量を決めておき，緊張定着時にこの値を超えた場合には，設計緊張力が不足していると判断し，緊張作業をやり直す必要がある．

　緊張作業の引止め（完了）管理は，序章 4.施工方法 4.2.緊張管理（3）引張力と伸びを独立して管理する方法に準じる．管理方法

および手順は，以下のとおりとする．

① 前項で求めた，摩擦係数および見掛けのヤング係数を用いて，設計断面に所要緊張力が与えられるように緊張端引張力およびPC鋼より線の伸びを計算する．

② 緊張作業にあたって引止め点を決定するには，計算による荷重計の示度(Po)および伸び(Δlo)のいずれも不足しないようにする必要がある．すなわち，**図-1.3.1**に示す点A（座標Po，Δlo）を計算で求め，緊張作業にあたっては，PC鋼より線の伸びと荷重計示度が**図-1.3.1**のハッチした範囲に達した時点で引止めとする．このように，荷重計示度および伸びの両者ともに計算値より小さくならない点まで緊張しておけば，プレストレスが不足する確率を低くすることができる．なお，この場合，PC鋼より線1本ごとのほかに，異常の傾向を早期に判断できるグループごとの管理を行う必要があり，それぞれの許容誤差は，序章 4.施工方法 4.2.緊張管理(3)引張力と伸びを独立して管理する方法の**表-4.2.4**による．

③ 緊張作業を続ける中で，1本ごとの許容誤差(10%)を超えた場合には，作業をやり直す．また，やり直してもおさまらない場合には，ジャッキのキャリブレーションを行い，原因を調べる．なお，次のPC鋼より線も同様の誤差を生じる場合は，摩擦係数および見掛けのヤング係数の測定もやり直す必要がある．

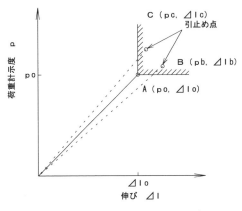

図-1.3.1 緊張管理図の概念[7]

(5) 曲線施工および蛇行修正

　曲線施工においては，地山の条件，トンネル線形，セグメント外形，P&PCセグメントの構造特性などを考慮し，テーパーリングの形状を決定する．曲線施工の条件は，コンクリート系セグメントと同様である．なお，P&PCセグメントの幅を狭くする場合であっても，プレストレスの分布を考慮すると，PC鋼より線の平面的な配置は，偶数本のほうがよいが，曲線半径が小さく，P&PCセグメントの適用が困難な場合は，鋼製セグメントを使用する．蛇行修正においては，テーパーリングを使用して速やかに修正することになるが，P&PCセグメントの場合，緊張定着用切欠きを内包したものも含め，セグメントの種類が標準コンクリート系セグメントと比べて多くなる．よって，わかりやすいマーキングを設けるなどして，セグメントの組立てを間違わないようにする．

1.4. 施工設備

(1)　シールド

　P&PC セグメントで使用するシールドは，標準コンクリート系セグメントなどに用いられる通常のシールドと同様の掘削機構，推進機構を有し，シールドテールでエレクターによってセグメントを組み立てる構造とする.

(ア)　掘削機構

　掘削機構の選定にあたっては，土質条件や工事特有の条件に合わせて，シールド形式，カッターヘッド形式・支持方式，カッター装備トルク，カッタービット，装備推力などについて，またそれらの組合せについても十分配慮し決定する[8]. **写真-1.4.1** に P&PC セグメントの施工に使用した泥水式シールドの外観を示す.

写真-1.4.1　泥水式シールド

(イ)　推進機構

　シールドジャッキの選定にあたっては，シールドジャッキ1本当

りの推力と本数は，シールド外径，総推力およびトンネル線形などを考慮して決定する．また，P&PCセグメントでは，標準コンクリート系セグメントと比較して，設計上，セグメント桁高を縮小できる特徴がある．この場合，シールドジャッキの推力がセグメントの応力度に与える影響を考慮し，ジャッキの偏心量などを適切に設定する必要がある．シールドのジャッキストロークは，セグメント幅やKセグメントの挿入などに必要な余裕を加えて決定するが，過去の実績を超える長さが必要な場合は，ジャッキ伸張時の自重による変形などに留意する必要がある．

(ウ)　セグメント組立て機構

　セグメント組立てに使用するエレクターは，シールド形式と規模，セグメント重量，掘削土処理の方法，作業サイクルなどを考慮し，セグメント組立てが正確かつ能率的にできるものを選定する．P&PCセグメントでは，PC鋼より線挿入，緊張定着が完了しないと個々のセグメントが一体化しないため，リング継手が"ほぞ"のみの場合は，シールドジャッキでセグメントを押付けても不安定感がある．そのため，組立て時の頂部セグメントの落下防止対策として，シールド側にセグメントを押上げることができる保持ジャッキを装備するのが効果的である．**図-1.4.1**にセグメント保持ジャッキの概要を示す．また，既設セグメント面に組立てセグメント面を合わせる微調整位置決めには，エレクター把持部に4点式のセグメント振止め（小型ジャッキ）を装備すると便利である．

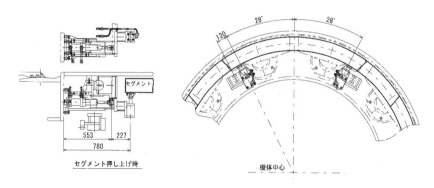

図-1.4.1　頂部セグメント保持ジャッキ[9]

(2)　緊張作業用機械器具

　PC鋼より線の緊張定着作業に使用する機械，器具は，シールド機内が狭小な場合は，人力作業が主体となるため，機器の軽量，小型化が望ましい．これまでの施工実績では，市販のセンターホールジャッキ，油圧ポンプを使用し，Rチェアは，P&PCセグメントの仕様に応じて製作している．実際は，PC鋼より線に導入する緊張力，PC鋼より線の径などを考慮して，必要な仕様を満足する機械，器具の選定をする．**写真-1.4.2**に緊張作業用機械器具を示す．なお，PC鋼より線の伸び量は，コンベックスを用いた測定になるが，近年は，PC鋼より線の伸びと緊張力を自動的に測定，記録する装置も開発されている．

Rチェアとセンターホールジャッキ　　　　　　油圧ポンプ

写真-1.4.2　緊張作業用機械器具[7]

(3)　PCグラウト用機械器具

　PCグラウトに使用する機械，器具は，序章 4.施工方法 4.3.PC グラウトの施工で述べたとおりであるが，トンネル坑内で台車に搭載して用いられることが多いため，作業工程に見合った適切な容量の機械器具を選定する必要がある．また，PCグラウト用機械器具は，以下に示す基本的な機能を有するものを選定する．**写真-1.4.3**に PCグラウト用機械器具を示す．

㋐　PCグラウトの練混ぜは，グラウトミキサで行うことを原則とする．グラウトミキサは，セメント粒子を分散できる十分な機能を有し，5分以内にPCグラウトを十分練混ぜることのできるものが望ましい．

㋑　練混ぜたPCグラウトは，注入が完了するまでアジテータなどにより撹拌することを標準とする．PCグラウトは静置しておくと，材料の分離，流動性の低下などを起こすので，注入作業中は，アジ

テータなどによって，ゆっくり撹拌する.

㈄　PCグラウトの注入は，練混ぜ直後に，グラウトポンプを用いて適切な注入圧を保ちながら徐々に行う．グラウトポンプは，空気が混入しないように注入できるものでなければならない．グラウトポンプは電動式など，動力を用いたもののほうが便利であるが，同等の性能であれば手動のものを用いてもよい．圧縮空気でPCグラウトを圧送する方法は，空気を混入するおそれがあるので用いてはならない.

⑷　その他

P&PCセグメントは，PC鋼より線の緊張直後にセグメントリング横断面方向に軸力が卓越する．その結果，ほぞ継手のようなトンネル縦断方向に締結力のない継手構造を採用した場合，セグメント組立てのためにシールドジャッキを解放した瞬間，特に，軸方向挿入型Kセグメントは，切羽側に抜け出すことがある．このKセグメント挿入時には，継手面に貼付したシール材に滑材を塗布することもあり，セグメント面の摩擦力も低減している．よって，このような抜け出しを防止するため，組立てが終わったKセグメントと既設の前々リングのKセグメントをゲビンデスターブ（PC鋼棒）でセグメント把持金物を介して繋ぎ，ナットで固定する．**写真-1.4.4**にKセグメント抜け出し防止装置を示す.

近年の施工実績によれば，セグメント組立て施工性や組立て精度向上の観点から，リング継手に所要の締結力を有するピン挿入型継手を適用するケースが多い．Kセグメントにも1箇所配置することで抜け出し防止を図ることができる．この場合，ピン挿入型継手の

挿入方向に対するずれ量がほとんどない構造が望ましい.

写真-1.4.3　PCグラウト用機械器具[7]

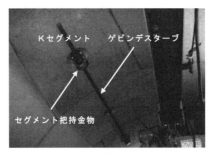

写真-1.4.4　Kセグメント抜け出し防止装置

２．P&PCセグメントの設計手法

2.1．作用の算定

　P&PCセグメントの設計にあたって考慮する作用は，文献10）に準じて定める.

(1)　鉛直土圧, 鉛直地盤反力および水平土圧・水平地盤反力

　土圧の算定にあたって水の取扱いは，地山の条件に応じ，①土と水とを分離して取扱う考え方，②水を土の一部として包含する考え方のどちらかによる.

　鉛直土圧は，覆工頂部に作用する等分布荷重を基本とし，その大きさは，トンネルの土被り，トンネルの断面形状，外径および地山の条件を考慮して定める. 緩み土圧の考え方は，第１章 1.シールド工法 1.2.設計手法（2）作用，**図-1.2.1.** に示したとおりとする.

　水平土圧は，覆工の両端部にその横断面の図心直径にわたって水平方向に作用する等変分布荷重とすることを基本とする. その大きさは，その深さの鉛直土圧に側方土圧係数を乗じて算定する.

　地盤反力は，発生範囲，分布形状，および大きさについて，側方
土圧係数および断面力の算定法との関連から定める．側方土圧係数
（λ）および地盤反力係数（κ）の関係は，第1章 1.シールド工法
1.2.設計手法（1）覆工の選定，**表-1.2.2**に示したとおりである．

(2)　水圧

　水圧はトンネルの施工中および将来の地下水位の変動を想定し，
安全な設計となるような地下水を設定して定める．また，水圧は静
水圧とし，その分布形状は，構造計算モデルにより選定する．設
計水圧の考え方は，第1章 1.シールド工法 1.2.設計手法（2）作用，
図-1.2.2に示したとおりである．

(3)　自重

　自重は，覆工の図心線に沿って分布する鉛直方向下向きの荷重と
し，次式で算定する．

$$w_1 = \frac{W_1}{2\pi \cdot R_c}$$

$$(2.1.1)$$

ここに，　w_1 ： 一次覆工自重による単位周長当たりの荷重$(\mathrm{kN/m^2})$
　　　　　W_1 ： 一次覆工の単位長さあたりの自重$(\mathrm{kN/m})$
　　　　　R_c ： 一次覆工の図心半径(m)

(4)　上載荷重

　路面交通荷重，建物荷重，盛土荷重などによる上載荷重の影響
は，覆工に作用する荷重の実際の状況を再現できるように載荷する

ものとし，土中の応力伝搬を考慮して定める．路面交通荷重として
は，全土被り土圧を採用する場合は，トンネル頂部で$10\,\mathrm{kN/m^2}$を，
緩み土圧を採用する場合には緩み土圧の算定の際の上載荷重として
$10\,\mathrm{kN/m^2}$を用いる．建物荷重の目安としては，$20\,\mathrm{kN/m^2}$/階とし
て算定する．

(5)　内部荷重

　内部荷重は，トンネル完成後に覆工の内側に作用する荷重であり，
覆工に大きな影響を与える場合には，その必要に応じて検討を行う．
内部荷重としては，導水路，地下河川などの内水圧が作用する場合，
道路トンネルなどの床版支点反力，または，天井板，換気設備など
の懸架荷重が作用する場合などがある．

(6)　施工時荷重

　セグメントの設計にあたっては，地山の条件や施工条件を考慮し
たうえで，シールド施工時の各段階の施工時荷重に対して，セグメ
ントの安定性，部材の安全性について検討を行う．施工時に考慮
する荷重としては，①Kセグメントの安定に対する荷重（抜け出し
力，テールシール注入圧，裏込め注入圧など），②エレクター操作荷
重，③シールドジャッキ推力，④急曲線施工時の安定に対する荷重
などがある．

(7)　地震の影響

　地震の影響が考えられる場合は，トンネルの使用目的や重要度に
応じて，立地条件，地山の条件，地震動の規模，トンネルの構造と

形状およびその他の必要な条件を考慮して検討を行う.

(8)　併設トンネルの影響

　トンネルを近接して併設する場合には，地山の条件および施工条件などを考慮し，必要に応じてトンネルの相互干渉および施工時の影響について検討する.

(9)　地盤沈下の影響

　軟弱地盤中にトンネルを構築する場合には，必要に応じて地盤沈下の影響を検討する.

2.2.　使用材料

　P&PCセグメントに使用する材料は，**表-2.2.1**の規格に適合するものを標準とする. **表-2.2.2**に示す材料には，規格がないが，品質，適性を評価したうえで使用する. なお，無筋および鉄筋コンクリートの材料については，文献10) などの規定を参照する. アンボンドPC鋼より線の仕様は，製作会社の規格を参考に**表-2.2.3**に示す. また，P&PCセグメントの構造計算で用いる材料のヤング係数を**表-2.2.4**に示す.

表-2.2.1 使用材料の規格[7] を編集

種　別	規　格
セメント	JIS R 5210 ポルトランドセメント JIS R 5211 高炉セメントA，B，C3種 JIS R 5212 シリカセメントA，B，C3種 JIS R 5213 フライアッシュセメントA，B，C3種
混和材料	JIS A 6201 フライアッシュ JIS A 6204 コンクリート用化学混和剤 土木学会基準 コンクリート用流動化剤品質基準 土木学会基準 コンクリート用高炉スラグ微粉末規格（案）
鋼棒および鋼線	JIS G 3112 鉄筋コンクリート用棒鋼 JIS G 3521 硬鋼線 JIS G 3532 鉄線 JIS G 3505 軟鋼線材 JIS G 3506 硬鋼線材 JIS G 3109 PC鋼棒 JIS G 3536 PC鋼線およびPC鋼より線
鋼材	JIS G 3101 一般構造用圧延鋼材 JIS G 3106 溶接構造用圧延鋼材
ボルト・ナットおよび座金	JIS B 1180 六角ボルト JIS B 1181 六角ナット JIS B 1186 摩擦接合用高力ボルト・六角ナット・平座金のセット JIS B 1256 平座金
鋼管，その他	JIS B 2302 ねじ込み式鋼管製管継手 JIS G 3444 一般構造用炭素鋼鋼管 JIS G 3445 機械構造用炭素鋼鋼管 JIS G 3452 配管用炭素鋼鋼管 JIS G 3454 圧力配管用炭素鋼鋼管 JIS G 3455 高圧配管用炭素鋼鋼管
溶接棒および溶接ワイヤー	JIS Z 3211 軟鋼用被覆アーク溶接棒 JIS Z 3212 高張力鋼用被覆アーク溶接棒 JIS Z 3312 軟鋼及び高張力鋼用マグ溶接ソリッドワイヤ JIS Z 3313 軟鋼及び高張力鋼用マグ溶接フラックス入りワイヤー JIS Z 3351 炭素鋼及び低合金鋼用サブマージアーク溶接ソリッドワイヤ JIS Z 3352 炭素鋼及び低合金鋼用サブマージアーク溶接フラックス
鋼繊維	土木学会基準 コンクリート用高繊維品質規格

表 - 2.2.2　その他の使用材料[7) を編集]

種　別	名　称
防水材	シール材，止水用パッキン・O リング，逆止弁，防水シート
定着具，接続具	X アンカー，グリップ，アンカープレート，キャスチングプレート
シース	ポリエチレンシース，鋼製シース
PC グラウト	プレミックスグラウト材

表 - 2.2.3　アンボンド PC 鋼より線の仕様[7) を編集]

種　類	呼び名	外径 （mm）	単位重量 （N/m）	被覆厚さ （mm）	グリース重量 （N/m）	被覆材重量 （N/m）
7 本より線	1 T 12.4	15.9	8.19	1.25	0.35	0.55
	1 T 12.7	16.2	8.64	1.25	0.35	0.55
	1 T 15.2 B	18.7	12.11	1.25	0.45	0.65
19 本より線	1 T 17.8	21.8	17.97	1.50	0.60	0.85
	1 T 19.3	23.3	20.91	1.50	0.70	0.90
	1 T 20.3	24.3	23.19	1.50	0.75	0.95
	1 T 21.8	25.8	26.62	1.50	0.80	1.00

表-2.2.4　使用材料のヤング係数[7)]を編集

材料		ヤング係数（N/mm^2）
鋼および鋳鋼		2.10×10^5
球状黒鉛鋳鉄		1.70×10^5
PC鋼より線		1.95×10^5
コンクリート	設計基準強度（N/mm^2）	ヤング係数（N/mm^2）
	42	3.30×10^4
	45	3.60×10^4
	48	3.90×10^4
	51	4.20×10^4
	54	4.50×10^4

2.3. 断面力の算定

(1) 構造計算

　トンネルの構造計算は，施工途中の各段階および完成後の状態に応じた荷重に対して行う．P&PCセグメントの設計は，トンネル完成後長年にわたって作用する荷重に対して行うほか，次に示す事項に対しても行う．

　㋐　セグメント組立て直後から裏込め注入材が硬化するまでの間のセグメントリングの安定性，断面力および変形に対する検討

　㋑　ジャッキ推力によるセグメントの断面力と変形に対する検討

　㋒　テールグリース，裏込めなど注入圧によるセグメントの断面力と変形に対する検討

　㋓　急曲線施工時の検討

　㋔　地盤が急変する場合の検討

　㋕　トンネルと立坑接合部の検討

(キ)　将来予想される荷重変動の影響

(ク)　近接施工時の影響

(ケ)　そのほか，各種状況に応じた検討

(2)　設計荷重

　荷重を設定するのに必要な土被りおよび地山の条件などは，トンネル縦断方向に対して変化するのが普通であるが，それに対応して覆工を設計することは，施工性と経済性との観点から好ましくない．しかし，一般的な考え方として，荷重の条件が，著しく変わる区間では，経済性を考慮してトンネルを区分し，区分したそれぞれの区間では同一の設計条件で覆工の設計を行う．

(3)　構造モデル

　断面力の算定を行う際のP&PCセグメントの構造モデルは，トンネル横断面方向の設計プレストレスによって，下記の方法に分けて考える．

(ア)　セグメントリングをフルプレストレス構造とする場合

　トンネル横断面，およびトンネル縦断面方向の断面力によるコンクリートの応力度が使用限界状態において，セグメント全周にわたって引張状態にならないように，同時にコンクリートの曲げ圧縮応力度および軸圧縮応力度が制限値以下となるようにプレストレスを導入する．この場合，セグメントは，曲げ剛性一様リングとなる．

(イ)　セグメント主断面をPRC構造，継手部をフルプレストレス構造とする場合

セグメント継手を曲げモーメントの大きい上下左右の位置を避けて設けることとし，セグメント継手部は，その位置の曲げモーメントに対し全断面圧縮状態となるように，同時にセグメント主断面は，引張応力の発生を許容してプレストレスと鉄筋の両方で曲げモーメントに対抗する状態となるように，プレストレスを設定して導入する．この場合，セグメント継手は，（ア）と同様に全断面圧縮状態となるため，セグメントリングは，通常の鉄筋コンクリート構造と同様に，曲げ剛性一様リングとして考える．

(ウ)　セグメント継手の剛性低下を許容する場合

　セグメントリング横断面方向の導入プレストレスをさらに低減し，セグメントの組立て精度や止水性の確保のため，セグメント組立て時の自重による断面力に対し，全断面圧縮状態となるプレストレスを設定して導入する．この場合，土圧や水圧などの外荷重による断面力に対しては，セグメント継手面に無応力域が発生し，セグメント継手の曲げ剛性は，セグメント主断面に比べて低下する．この場合も，セグメント継手面に断面の2/3以上の圧縮領域が確保されていれば，コンクリート系セグメントと同様，曲げ剛性一様リングとして慣用計算法による算定を行うことができる．ただし，セグメント継手の剛性低下を評価する必要がある場合は，修正慣用計算法，または，はり－ばねモデル計算法を使用する．また，セグメントリング変形量が大きく，制限値を超えるような場合は，セグメントの最適な千鳥組を検討し，添接効果によって変位を抑制する方法も考えられる．

表-2.3.1にP&PCセグメントの断面力算定方法の区分を示す．

表 - 2.3.1　P&PCセグメントの断面力算定方法の区分[7] を編集

種　別	導入緊張力	セグメント継手の曲げ剛性	セグメントリングの変形	断面力の計算方法	プレストレッシングに関わるコスト
ア）セグメントリングをフルプレストレス構造とする.	大	大	小	曲げ剛性一様リング	大
イ）セグメント主断面をPRC構造，セグメント継手をフルプレストレス構造とする.	中	中	中	曲げ剛性一様リング	中
ウ）セグメントリングの変形を許容し，セグメント継手の剛性低下を評価する.	小	小	大	a.曲げ剛性一様リング b.平均剛性一様リング c.はり-ばねモデル	小

⑷　断面性能

　P&PCセグメントは，平板形鉄筋コンクリート部材となるため，断面力の算定には，鉄筋の影響を無視したコンクリート矩形断面の断面性能を用いる．なお，シース孔，継手部のコーキング目地や，定着部切欠きは，きわめて面積が小さく，断面欠損の影響が少ないと考えられるため，コンクリート全断面を有効とする．また，断面力算定時の設計軸線は，主断面の図心位置とする．

⑸　計算方法

　P&PCセグメントは，標準コンクリート系セグメントと同様に継手を有するリングとなるが，トンネル横断面方向にプレストレスが導入されるため，セグメント継手が全断面圧縮応力状態であれば，セグメント継手の曲げ剛性は低下しないと考えることができる．

よって，セグメント継手をフルプレストレスとする場合の断面力の算定は，慣用計算法，平面骨組み解析による．計算法のいずれの場合も，セグメント継手にセグメント主断面と同一の曲げ剛性EIをもった，曲げ剛性一様リングと考えて，断面力を算定する．また，セグメント継手の剛性低下を許容する場合も，プレストレスの導入により，継手の曲げ剛性は相対的に高いことから，セグメント継手断面をフルプレストレス構造とする場合と同様に，曲げ剛性一様リングと考えて，断面力を算定してもよい．ただし，セグメントリングの変形量に制限がある場合は，修正慣用計算法やはり－ばねモデルにより算定する．また，セグメントの千鳥組による添接効果は，修正慣用計算法では，セグメント継手とセグメント主断面の曲げモーメント分配率を考慮することにより，はり－ばねモデル計算法では，リング継手を半径方向および接線方向のせん断ばねで評価することにより考慮することができる．

　はり－ばねモデルにより断面力を算定する場合のセグメント継手の回転ばね定数は，セグメント継手が，標準コンクリート系セグメントのようなボルトで締結する継手とは異なり，コンクリート面を突合わせた形状となるため，セグメント継手断面に作用する軸圧縮力と曲げモーメント，および継手部の形状から求める必要がある．理論式としては，継手部の幾何学的関係から導かれたLeonhardt，Reimannの「Betongelenke」の式がある．また，継手部をモデル化しFEM解析により求める方法もある．同様に，P&PCセグメントに用いるリング継手には，①ほぞ継手，②トンネル縦断方向にPC鋼より線を配置してプレストレスを導入，③ピン挿入型継手，④それらの組合せ，などの方法があるため，はり－ばねモデルによ

り断面力を算定する場合のリング継手のせん断ばね定数は，それら
の継手の特性を考慮して，個々に定める必要がある．

㋐　セグメント継手の回転ばね定数

　P&PCセグメントのセグメント継手は，小さなほぞを設けて位置
合わせすることにしているが，基本的には，コンクリート面の突合
わせ継手構造となる．Betongelenkeの理論式によれば，**図-2.3.1**
に示す幾何学的関係から，継手回転角 θ は，次式で算定できる．

$$\theta = \frac{\Delta S}{r} = \frac{1}{r} \cdot S \cdot \frac{\sigma_R{}'}{E_0}$$

$$(2.3.1)$$

　式（2.3.1）で示される圧縮応力の影響範囲 S は，ほそ幅 a と同一
であると仮定したうえで，力のつり合い条件からセグメント間の回
転ばね定数 K_θ として，式（2.3.2）が導かれる．

$$K_\theta = M/\theta = (N \cdot e)/\theta = (9a^2\, bE_0)/8\, m\,(1-2m)^2$$

$$(2.3.2)$$

ここに，K_θ ： 回転ばね定数（Nm/rad）
θ ： 回転角（rad）
r ： 圧縮力の作用範囲
m ： 荷重偏心率（$m = e/a = M/(Na)$）
e ： 荷重偏心量（$e = M/N$）
S ： 圧縮応力の影響範囲
$\sigma_R{}'$： 圧縮縁応力度
ΔS ： 圧縮縁変形量

N ； 軸力（N）

M ； 曲げモーメント（Nm）

a ； ほぞの幅（m）；セグメント桁高

b ； ほぞの長さ（m）；セグメント幅

E_0 ； コンクリートのヤング係数（N/m^2）

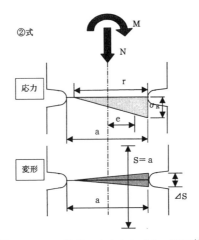

図-2.3.1　継手の応力とひずみの関係[11]

式 (2.3.2) の右辺を次式のとおりとして，式 (2.3.2) を下記のとおりに書き直していく．

$$C = \frac{9a^2 bE_0}{8} \tag{2.3.3}$$

$$\frac{M}{\theta} = \frac{9a^2 bE_0 \cdot m (1-2m)^2}{8} = C \cdot m (1-2m)^2 \tag{2.3.4}$$

$$\frac{M}{C\theta} = m - 4m^2 + 4m^3 = \frac{M}{Na} - \frac{4M^2}{N^2 a^2} + \frac{4M^3}{N^3 a^3}$$

$$(2.3.5)$$

$$\frac{1}{C\theta} = \frac{1}{Na} - \frac{4M}{N^2 a^2} + \frac{4M^2}{N^3 a^3}$$

$$(2.3.6)$$

$$4M^2 - 4NaM + N^2 a^2 - \frac{N^3 a^3}{C\theta} = 0$$

$$(2.3.7)$$

　式 (2.3.7) を解いて，継手曲げモーメント M と継手回転角 θ の関係が次式で算定できる．

$$M = \frac{Na}{2} \pm \frac{Na}{2} \sqrt{\frac{Na}{C\theta}}$$

$$(2.3.8)$$

　一方で，次式が実測値と適合するとの知見も得られていることから，P&PC セグメントの設計では，C' を適用する[12]．

$$C' = \frac{9a^2\, bE_0}{16}$$

$$(2.3.9)$$

　ここで，外力による軸力とプレストレスの合力 N を 1,200 kN，および 1,600 kN，セグメント桁高 a を 0.4 m，セグメント幅 b を 1.2 m，コンクリートのヤング係数 E_0 を 4.2×10^7 kN/m^2 とすると，

式 (2.3.3) は，$C' = 4.536 \times 10^6$ となる．**図-2.3.2**に継手回転角と継手曲げモーメントの関係の例を示す．**図-2.3.2**は，バイリニアの関係を示しており，第一接線と第二接線がそれぞれ継手回転ばね定数を示すことになる．**表-2.3.2**に**図-2.3.2**を用いた継手回転ばね定数の計算結果を示す．

表-2.3.2　継手回転ばね定数の計算結果

継手回転ばね定数 $K_\theta = M/\theta$	軸力 N（外力による軸力＋プレストレス）	
	1,200 (kN)	1,600 (kN)
第1勾配 K_1 (kNm/rad)	199,800	241,600
第2勾配 K_2 (kNm/rad)	3,490	5,380

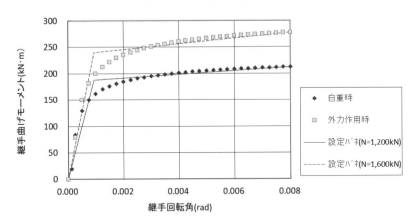

曲げモーメントと継手回転角の関係

図-2.3.2　継手回転角と継手曲げモーメントの関係

(イ)　リング継手のせん断ばね定数

　リング継手は，シールドジャッキ推力などによって十分押さえつ

けられている場合は，大きな摩擦力が生じ，せん断ずれを起こさないことが実験で確認されており，設計上は，リング継手のせん断ばね定数を大きく評価したほうが添接効果の発揮が期待でき，セグメント本体に対する設計効果が安全側になる．そのため，従来，リング継手にほぞ＋プレストレスの構造とした場合，せん断ばね定数を無限大として扱っていた[13]．

P&PCセグメントの設計では，近年，リング継手にピン挿入型継手を適用することが多いため，セグメント本体のせん断変形を考慮したうえで，リング継手のせん断力は，摩擦により伝達され，摩擦力を超えた後のせん断ずれは起きないという考え方を適用している．つまり，リング継手の半径方向に対しては，最初は，継手面の摩擦力で抵抗し，摩擦力が消失した時点でリング継手挿入代の変位（2mm程度を想定）が生じ，最終的にリング継手面のせん断力で抵抗する．よって，リング継手のせん断ばね定数およびリング継手面摩擦力については，下記要領で算定する[14]．リング継手半径方向の相対変位量とせん断力の関係を概念として**図-2.3.3**に示す．

① リング継手半径方向のせん断ばね定数

$$k_{sr} = \frac{192EI}{2b^3}$$

$$(2.3.10)$$

ここに，k_{sr} ： リング継手半径方向のせん断ばね定数（kN/m）

E ： コンクリート（セグメント）のヤング係数（kN/mm²）

I ： セグメントの断面二次モーメント；$I = (L_j \times h^3)/12$ （m⁴）　(2.3.11)

L_j ： 軸方向継手間隔；$L_j = (D_c \times \pi)/n_j$ （m）　　　　(2.3.12)

227

n_j ： 解析モデルにおいて設定するリングを分割した数

b ： セグメント幅（m）

② リング継手接線方向のせん断ばね定数

$$k_{st} = \frac{2L_j hG}{b} = \frac{L_j hE}{b(1-v)}$$

(2.3.13)

ここに, k_{st} ： リング継手接線方向のせん断ばね定数（kN/m）

E ： コンクリート（セグメント）のヤング係数（kN/mm^2）

v ： コンクリート（セグメント）のポアソン比；0.17

G ： コンクリート（セグメント）のせん断弾性係数（kN/m）

L_j ： 軸方向継手間隔；$L_j = (D_c \times \pi)/n_j$（m） (2.3.14)

D_c ： セグメントの図心直径（m）

n_j ： 解析モデルにおいて設定するリングを分割した数

h ： セグメント桁高（m）

b ： セグメント幅（m）

③ リング継手面摩擦力

$$T = \frac{f \times N}{(n_j / n_R)}$$

(2.3.15)

ここに, T ： リング継手面摩擦力（kN）

f ： コンクリートの摩擦係数；0.5

N ： リング継手1本当りの締結力；$N = (A \times p_w \times 0.1)/n_R$（kN）$^{*)}$ (2.3.16)

A ： 切羽断面積（m^2）

p_w　；　切羽中心水圧 $(\mathrm{kN/m}^2)$

n_R　；　リング継手（ピン挿入型）本数

*) 切羽静止水圧の1割相当の軸圧縮力が残留すると仮定

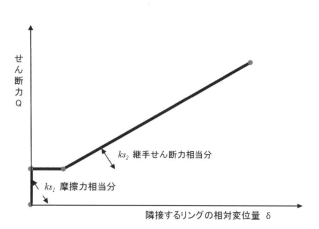

図-2.3.3　リング継手の相対変位量とせん断力の関係

2.4．部材の設計

(1)　主断面の設計

　主断面の設計は，本章2.3.断面力の算定の手法で求めた断面力を用いて，限界状態設計法，または許容応力度設計法により行う．コンクリートと鉄筋の応力度は，第1章 1.シールド工法 1.2.設計手法（6）セグメントの構造計算の式（1.2.1）〜（1.2.11）にて算定する．設計用軸力は，外力による軸力に序章 3.設計手法 3.3.プレストレスの計算の式（3.3.1）で求めた設計プレストレス力を足し合わせる．その際，式（3.3.9）に示すように $\varDelta P_{ix}$ にPC鋼より線の素線に生じる曲げ応力による損失を考慮し，プレストレス力の経時的減

少量ΔP_{tx}は有効係数η（0.85）を乗じることにより算定する．主断面の曲げひび割れについては，第1章 1.シールド工法 1.2.設計手法（6）セグメントの構造計算の式（1.2.59），せん断ひび割れについては，序章 3.設計手法 3.2.部材の照査方法（4）安全性の照査の式（3.2.25）からコンクリートのせん断耐力の70％として算定する．また，主断面の断面耐力（曲げ耐力）は，序章 3.設計手法 3.2.部材の照査方法（4）安全性の照査，（イ）変位によるPC鋼材の張力増加を無視した方法にて，式（3.2.22）の$\Delta\sigma_{ps}$（破壊状態における付着のない緊張材の引張応力度）を0とおいて算定する．また，コンクリートの圧縮応力度の合力C'を等価応力ブロックの仮定（序章3.設計手法 3.2.部材の照査方法 **図-3.2.6**）にもとづき，長方形断面の部材とする．主断面のせん断耐力（限界値）は，序章3.設計手法 3.2.部材の照査方法（4）安全性の照査の式（3.2.25）を用いて算定する．なお，設計プレストレスは，許容応力度設計法では，コンクリート，および鉄筋に生じる応力度がそれぞれ許容応力度以下になるように，また，限界状態設計法では，使用限界状態において，曲げモーメントおよび軸方向力によるコンクリートの圧縮（引張）応力度が制限値以下になる，終局限界状態において，設計断面力が設計断面耐力以下になるように設定する．この際，必要に応じて，セグメント桁高と緊張定着具などの最小かぶりから決まる余裕範囲内でPC鋼材を楕円形状に配置して，偏心モーメントを導入すれば，プレストレス量が節約でき，PC鋼材の最適化を図ることができる．

(2) セグメント継手の設計

　セグメント継手は，コンクリート面が突合わされた形状となるた

め，外力による曲げモーメントと外力による軸力にプレストレス力を加えた軸力に対して，継手断面に生じるコンクリートの最大圧縮応力度にて照査を行う．**図-2.4.1** にセグメント継手面の応力度状態を示す．

　設計軸力は，セグメント継手の中で最大曲げモーメントが発生する位置の軸力と設計プレストレスを加えたもの，設計曲げモーメントは，セグメント継手位置の中での最大曲げモーメントとする．偏心モーメントを作用させる場合は，その継手位置での偏心モーメントを差引く．

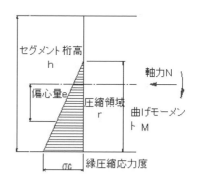

図-2.4.1　セグメント継手の応力状態

　なお，偏心量は，設計曲げモーメントを設計軸力で除したものであり，圧縮領域は，セグメント桁高の1/2から偏心量を差引いて3倍した範囲となる．コンクリートの縁圧縮応力度 σ_c は，次式で算定する．

　セグメント継手面が全断面圧縮状態（偏心量 $e \leqq$ セグメント有効高の1/6）の場合，

$$\sigma_c = \frac{N}{A} + \frac{M}{Z}$$

$$(2.4.1)$$

　セグメント継手面が部分圧縮状態（偏心量 $e >$ セグメント有効高の1/6）の場合，

$$\sigma_c = \frac{4N}{3Bh\left(1 - \dfrac{2M}{NA}\right)}$$

(2.4.2)

ここに，　M ；　設計曲げモーメント（kNm）

　　　　　N ；　設計軸力（kN）

　　　　　B ；　セグメント幅（m）

　　　　　h ；　セグメント有効高（m）

　　　　　A ；　セグメント断面積；$A = B \times h$　（m²）　　　　（2.4.3）

　　　　　Z ；　セグメントの断面係数；$Z = (B \times h^2)/6$（m³）　　　（2.4.4）

　セグメント継手の終局時の挙動については，コンクリートの上縁が圧壊しても，PC鋼より線が破断しない限り，ヒンジ挙動を示して，継手目開きが進行する．よって，セグメント継手では，設計断面力作用時，幾何学的計算で求めた目開き量に対して，アンボンドPC鋼より線の引張力について照査を行う．設計断面耐力（限界値）は，文献15）に示されるPC鋼より線の規格のうち，0.2％永久の伸びに対する試験力を適用する．

(3)　リング継手の設計

　セグメント継手をフルプレストレスとする場合，セグメントは曲げ剛性一様リングと考えることができ，千鳥組による添接効果を期待する必要がないため，リング継手にはせん断力は働かないと考えることができる．ただし，セグメント組立て時の作業性や止水性を考慮して，リング継手にピン挿入型継手などを採用する場合は，添接効果を考慮できると考えられる．一方，セグメント継手の剛性低下を考慮して千鳥組による添接効果を期待する場合は，はり－ばね

モデルにより計算された最大せん断力に対し，リング継手を設計する．よって，コンクリート面の突合わせとプレストレスによる継手構造では，最大せん断力が，設計軸力にコンクリート摩擦係数 (0.5) を乗じた抗力以下になること，ピン挿入型継手構造の場合は，最大せん断力が，ピンのせん断強度，せん断耐力以下になることを照査する．

(4)　シールドジャッキに対する設計

　シールドジャッキ推力に対する設計は，第1章 1.シールド工法 1.2.設計手法 (6) セグメントの構造計算③ジャッキ推力に対する設計で述べたとおり，シールドジャッキの公称推力を用いて設計を行う．

2.5.　構造細目

(1)　セグメント桁高

　P&PCセグメント桁高は，荷重条件，構造条件を勘案して決定する．通常，トンネルの所要断面に対して，土質条件，土被り，ジャッキ推力などの荷重条件から定まるものであるが，小口径トンネルの場合で，緊張定着体やシースの配置，かぶりの確保などの構造的な要因で決まる場合もある．

(2)　セグメント幅

　P&PCセグメントの幅は，施工性，経済性を考慮した上で決定する．実際は，セグメントの製作性や，施工サイクルの向上の観点からは，大きいほうが望ましいが，セグメント搬入や組立て施工性，

シールドの機構や方向制御性などから決まる場合もある.

(3) セグメントの分割数

　P&PCセグメントの分割は，トンネル径，施工条件，および継手配置と施工性を考慮して決定する．P&PCセグメントは，数個のAセグメントと2個のBセグメントおよび頂点付近で最後に組み立てられるKセグメントから構成される．Kセグメントの形状は，トンネル内側への脱落防止を目的として，基本的には軸方向挿入型とする.

　P&PCセグメントの分割数は，製作およびセグメント組立て速度の向上の観点からは，できるだけ少ないほうが望ましく，坑内運搬や取扱いの便利さからは，多いほうが望ましい．一般には，内径3.0m 程度までの小口径トンネルでは5分割，それ以上では，必要に応じて6～8分割程度とする．なお，セグメント主断面をPRC構造，セグメント継手をフルプレストレスとして設計する場合，曲げモーメントが最大となる上下左右の位置からセグメント継手を避ける分割とすることもある．**図-2.5.1**にP&PCセグメントの分割例を示す.

(4) Kセグメントの形状

　Kセグメントの形状は，標準コンクリート系セグメントと同様に，継手角度を小さくし，継手面を滑動させる軸力の成分を小さくする必要がある．Kセグメントの形状は，基本的には軸方向挿入型とするが，半径方向挿入型であってもその挿入角度を考慮することで滑動を防止できる．挿入角度を算定する際には，次式を用いて継手面に作用するせん断力に対する滑動の検討を行う.

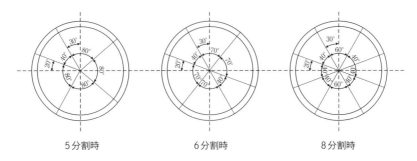

5分割時　　　　　　6分割時　　　　　　8分割時

図 - 2.5.1　P&PCセグメントの分割例 [7]

$$Q_0 = (N+P)(sin\,a - f \cdot cos\,a) - F_s \cdot Q \cdot (cos\,a + f \cdot sin\,a) \quad (2.5.1)$$

ここに，Q_0 ： 設計せん断力（kN）

$\quad\quad N$ ： 軸力（kN）

$\quad\quad P$ ： プレストレス（kN）

$\quad\quad a$ ： 継手角度（°）

$\quad\quad f$ ： コンクリートの摩擦係数（0.5）

$\quad\quad F_s$ ： 安全率

$\quad\quad Q$ ： せん断力（kN）

　上式において，設計せん断力 Q_0 が負であれば滑動に対して安全であり，正であれば滑動することが示される．ここで，コンクリートの摩擦係数は一般的に0.5とされているが，滑材使用などの影響を勘案すると，0.4に減じることもある．安全率は，安全側の設定として，土水圧によるせん断力に対しては2.5，裏込め注入圧によるせん断力に対しては，Kセグメントに作用する一時荷重であることから1.2 とする．滑動と判定される場合は，リング継手に締結ピンの適用，継手面にせん断キーを設けるなどの措置を講じる．

⑸ トンネル横断面方向の緊張箇所数

　トンネル横断面方向の緊張箇所数は，緊張力が有効に導入されるように決定する．アンボンドPC鋼より線の場合，シースとの間の摩擦係数はきわめて小さいため，内径2.0m程度の小口径トンネルについて緊張計算を行うと，摩擦損失よりもセットロスの影響が大きくなり，1周当たり1箇所の片引き緊張が可能となる．また，摩擦損失は，長さに関する損失よりも角度変化による損失の割合がきわめて大きいため，内径が大きくなっても同じ傾向となる．なお，PC鋼より線1本あたりの緊張力は，アンボンドPC鋼より線とシースとの摩擦による緊張力の損失（摩擦損失），緊張定着時のくさびの引込まれによる緊張力の損失（セットロス）などの影響により，トンネル全周にわたり均等に作用しない．よって，セグメント主断面では，PC鋼より線を偶数本配置し，片引き緊張の場合，左右交互の方向から緊張を行い，プレストレスを均等に導入する．

⑹ PC鋼より線の定着

⑺ 緊張定着具

　緊張定着具としては，支圧板とグリップを緊張側，固定側に各1組セットし，それぞれ切欠きのコンクリートを反力とする方式（支圧板＋グリップ方式）と，緊張側と固定側が一体となった鋳鉄製一体型定着体（Xアンカー）をP&PCセグメントにあらかじめ埋込んでおく方式（Xアンカー方式）とがある．**写真-2.5.1**に支圧板＋グリップの使用例，**写真-2.5.2**に鋳鉄製一体型定着体の使用例を示す．

写真-2.5.1 支圧板＋グリップ[7]

写真-2.5.2 鋳鉄製一体型定着体（X
アンカー）[7]

⑷ 緊張定着部のセグメント形状

　P&PCセグメントは，緊張定着部セグメントに設けた切欠きの中でくさびによって定着する．この切欠きの形状は，緊張定着具が所定のかぶりを確保すること，Rチェアのおさまりなどにより幅と深さを決定する．緊張作業終了後は，無収縮モルタルなどで充填する．また，トンネルの用途によって，トンネル内面側に突起を設けても支障のない場合は，切欠きを設けない方式（内側に突起を付けた方式）もある．**図-2.5.2**に緊張定着方式と緊張定着部セグメントの形状例を示す．

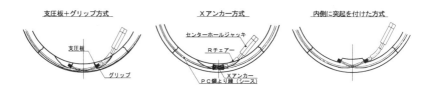
図-2.5.2 緊張定着方式と定着部セグメントの形状[7]

⑺ P&PCセグメントの防水

　防水は，トンネルの機能を損なわないように適切な防水工を施す

ものとする．通常，セグメント継手，およびリング継手ともに止水性を高めるため，シール材を貼付ける．この際，セグメント継手は，シール材の存在により継手の曲げ剛性が低下することのないようにシール溝を設け，シール材としては，比較的硬度の低いものを用いる．また，シール材の厚さは，同上の理由により，シール溝の深さと同じ厚さのものを用いる．リング継手は，プレストレスが導入されるセグメント継手に比べると目開きを生じやすいため，水膨張系シール材を使用し，ジャッキ推力を均等に伝達できるよう2条貼付けるほうがよい．また，セグメント継手のシース接続部には，円形溝の中にリングパッキンを貼ることにより，シース内グラウト材の漏出を防止することができる．**写真-2.5.3**にシール材貼付け例を示す．

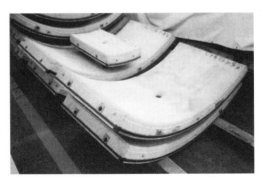

写真-2.5.3　シール材の貼付け[7)]

(8) P&PCセグメントの注入孔と吊り手

P&PCセグメントの注入孔および吊り手は，標準鉄筋コンクリート製セグメントに準拠して設ける．注入孔は，内径50mm程度の鋼管製ソケットを各セグメントに埋込み，周囲をアンカー筋で補強

する．小口径の場合は，吊り手としても使用する．鋼管製ソケットとコンクリートの間には，わずかな隙間が生じることもあるので，止水性確保のため，コンクリート中に埋込む鋼管製ソケットに水膨張系ゴムリングを巻くと効果がある．

(9)　テーパーリング

　曲線施工や，蛇行修正には，必要なテーパー量を有したテーパーリングを使用する．テーパーリングは，標準コンクリート系セグメントに準拠し，最大テーパー量80 〜 90 mm，セグメント最小幅750 mm として，テーパー量の少ない場合は，片テーパー形，大きい場合は，両テーパー形を基本とする．なお，P&PCセグメントの場合は，緊張作業のしやすさから，緊張定着部セグメントをトンネル底部に配置することが多い．そのため，テーパーのセグメントの設計においても，緊張定着部セグメントが上方に移動（K セグメントが下方に移動）することがないよう配慮する．

3．P & PC セグメント工法の施工事例

　P&PCセグメント工法は，これまでに10件以上の施工実績を重ねている．本節では，著者が直接関わった施工事例（2 例目）について，紹介する．

3.1．工事概要

(1)　工事内容

　本工事の概要を**表-3.1.1**に示す．P & PC セグメント工法としては，2 例目の適用工事である．今回は，管渠の施工延長1,183 m のうち，シールド工法による本掘進204 m の区間に本工法が採用され

た．前回工事では，初期掘進50mの区間での適用であり，試験施工的な意味合いもあったが[16]，本掘進区間での適用となれば，施工の標準化により，適切な日進量を得ることが大きな目標となる．狭隘な坑内でのPC鋼より線を使用した緊張作業など，従来のシールド工事と異なる作業をいかに安全かつ効率的に行えるかが，本格的な実用化の鍵を握るものと考えられた．工事は，無事に終えることができ，多くの知見も得られた[17),18)]．ここでは，当時を振り返り，実施工に備えた対策，施工結果などを概説する．

表 - 3.1.1　工事概要

工事名称	寝屋川流域下水道八尾枚岡幹線（第4工区）下水管渠築造工事
発 注 者	大阪府東部流域下水道事務所
施工場所	大阪府八尾市福万寺町8丁目〜八尾市山本町北5丁目
工　　期	1998年12月〜2001年5月
工事内容	掘削外径φ3,690mm，仕上り内径φ2,800mm，管渠延長　1,183m

(2)　土質条件

　管渠の土被りは，約10m，地下水位は，地表面から約1.0mであり，地下水圧はやや高いことが予想された．シールド路線の対象土質は，沖積粘土層（Ac）であり，一部区間で上部に粘性土が混入する細砂主体の砂泥層（As）が存在した．表-3.1.2にシールド路線中の土質の特徴を示す．トンネルの断面には，比較的軟弱な粘性土の占める割合が多いこと，施工設備の経済性などの観点から，標準的な泥土圧シールド工法が適用された．

表 - 3.1.2　土質の特徴

沖積粘土層（Ac）	貝殻が混入，シルト質部分を伴う N値0~1，平均含水比58.6% 一軸圧縮強度0.12N/mm^2
沖積砂泥層（As）	腐植物や貝殻片が混入，総体的に緩い砂層 平均N値8.8，バインダー分が18% 均等係数10前後，透水係数平均2.43×10^{-3}

3.2.　設計手法

　第1章で述べたように，シールドトンネルにおける覆工の設計は，近年，許容応力度設計法から限界状態設計法に移行しつつある．本工事では，許容応力度設計法が標準的に用いられている時期でもあったため，材料の許容応力度に基づいた安全性の照査を適用している．P&PCセグメントの設計は，荷重の計算および断面力の算定を含めて，本章 2. P&PCセグメントの設計手法に準じて行っている．プレストレスの計算方法は，序章 プレストレストコンクリート 3.設計手法3.3.プレストレスの計算で示した要領で行った．本工事で使用したP&PCセグメントの仕様を**表-3.2.1**に示す．

　セグメント継手は，コンクリート面の突合わせとプレストレスによる締結から構成される．そのため，設計プレストレスを継手断面に作用する軸圧縮力と考え，外力によって生じる軸力を足し合わせて設計軸力とした．続いて，継手に作用する最大曲げモーメントと軸力によるつり合い条件から，継手上縁の最大圧縮応力が計算できる．安全性の照査では，この最大圧縮応力度が，コンクリートの許容応力度以下になることを確認した．

　セグメント主断面は，上述の設計プレストレスを主断面に作

用する軸圧縮力と考え，外力によって生じる軸力を足し合わせて設計軸力とした．続いて，セグメント主断面に作用する最大曲げモーメントと軸力を用いて，複鉄筋長方形ばりとした部材に生じる応力度が計算できる．安全性の照査では，コンクリートに生じる最大圧縮応力度，鉄筋に生じる最大引張（圧縮）応力度が，それぞれ許容応力度以下になることを確認した．なお，主鉄筋量は，コンクリート打設時の充填性を考慮し，引張鉄筋比1%以内となるようにプレストレス量を調整した．**図-3.2.1**にセグメント継手断面，**図-3.2.2**にセグメント主断面を示す．

表-3.2.1　P&PCセグメントの仕様

形状・寸法	外径3,550mm，内径3,250mm，桁高150mm，幅1,000mm
分割数	5分割
PC鋼材	アンボンドPC鋼より線（1T 12.7mm）横断方向2本，縦断方向4本
鉄筋	SD 345 D 10 主鉄筋10本，配力鉄筋ctc.230mm
コンクリート	設計基準強度50N/mm^2
継手構造	セグメント継手；プレストレス＋突合わせ継手 リング継手；プレストレス＋ほぞ継手（この時点では，P&PCセグメント専用のピン挿入型継手が開発されていなかった）

図-3.2.1　セグメント継手

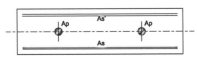

図-3.2.2　セグメント主断面

3.3．施工方法

⑴　シールド

　本工事で使用されたシールドの仕様を**表-3.3.1**に，外観を**写真-3.3.1**に示す．

表-3.3.1　シールドの仕様

本　体	泥土圧シールド
	掘削外径　3,710 mm
	外　　径　3,690 mm
	機　　長　5,900 mm
	総推進力　12 MN
	推進速度　50 mm/min
カッター装置	センターシャフト式 最大トルク 1,015 kNm
エレクター装置	門形旋回リング式 回転速度　1.5 rpm
スクリュー コンベヤー	軸付きスクリュー式 排土能力　47 m³/hr
中折れ装置	屈曲ピン式 中折れ角度 左右9.3°上下1.0°

写真-3.3.1　泥土圧シールド [17]

　P&PCセグメントの組立ては，個々のセグメントをシールドジャッキでいったん押さえつけて固定した状態とする．そのため，万一，シールドジャッキの油圧が低下した場合のセグメント落下防止対策として，本章 1.P&PCセグメント工法とは 1.4.施工設備（1）シールド㋒セグメント組立て機構のとおり，シールドの頂部にセグメント保持ジャッキを装備した．本装置は，セグメント押上げ用ジャッキ（ストローク100mm），スライド用ジャッキ（ストロー

ク550mm）から構成される．本工事では，軸方向挿入型Kセグメントを採用したため，エレクター把持部には，前後500mmの移動ができるスライド機構を装備した．また，切羽側からのKセグメント挿入に対応して，所要のセットバック量を得るため，シールドジャッキのストロークを1,450mmとした．これにより，シールド機長は，標準機と比較して，30cm程度長くなった．**写真-3.3.2**に本工事に使用したP&PCセグメント，**写真-3.3.3**に頂部セグメント保持ジャッキの使用状況を示す．

写真-3.3.2　P&PCセグメント[17]　　写真-3.3.3　頂部セグメント保持ジャッキ[17]

(2)　Kセグメント

　セグメントリング頂部で最後に組み立てるKセグメントは，従来，トンネル内面側から挿入する半径方向挿入型が用いられてきた．近年は，トンネル縦断方向から挿入する軸方向挿入型が採用されることが多い．P&PCセグメントでは，セグメント継手断面のプレストレスを効果的に伝達させるため，軸方向挿入型Kセグメントを採用することにしている．本工事では，セグメント組立て速度を考慮して，セグメント分割数を5分割としたほか，セグメント継手面が軸力の作用による滑動を生じさせない継手角度を計算により設定し

た．**写真-3.3.4**に本工事で使用した軸方向挿入型Kセグメントを示す．軸方向挿入型Kセグメントは，理論上，滑動しにくい継手挿入角度を設定しても，実際には諸条件により，Kセグメントが切羽側に抜け出すことがある．よって，本章 1.P&PCセグメント工法とは 1.4.施工設備（4）その他で述べた対策が重要となる．

写真-3.3.4　軸方向挿入型Kセグメント

(3)　緊張定着部

　緊張定着部の種類は，本章 2.P&PCセグメントの設計手法 2.5.構造細目（6）PC鋼より線の定着(イ)緊張定着部のセグメント形状で示したとおりである．このうち，本工事では，鋳鉄製一体型定着体（以下，Xアンカーと称す）を採用した．Xアンカーは，PC鋼より線がセグメントリングを1周して生じる緊張端と固定端の出会い差を解消するため，PC鋼より線の軸線を極力一致させるよう交差させてひねり，所定のかぶりが得られ，かつ切欠き深さを最小限とするような曲上げ形状を設定している．これにより緊張力による偶力の影響を抑え，緊張端，固定端の反力を相殺して，緊張定着部背面の鉄筋による補強を不要とした．また，従来のXアンカーは，鋳

鉄製本体と緊張定着用のくさびのみの構成としていたが，本工事では，Ｘアンカーの本体から定着グリップ（くさびとケース）を分離できる改良を加えた．これにより，定着グリップ装着前のPC鋼より線の挿入口が広がり，アンボンドPC鋼より線の挿入性が向上した．**写真-3.3.5**にＸアンカーと配筋の状況を示す．

写真-3.3.5　Ｘアンカーと緊張定着部の配筋[17)]

⑷　緊張作業用機械器具

　緊張作業は，坑内環境によって，使用機器の仕様を決める必要がある．本工事の場合，狭隘な空間で行うことになるため，緊張作業用機械器具の軽量化，小型化を図ることにより，作業を省力化する検討を行った．その結果，下記改良を加えることとした．

㈠　電動油圧ポンプ

　市販の油圧ポンプを，緊張作業位置から遠ざかった後続台車に搭載して使用した場合は，切羽で行う緊張ジャッキ操作との指示伝達が徹底されにくい．主な緊張作業は，組立て直後のセグメントになるため，なるべく緊張作業位置に近い場所でポンプ操作ができる配慮が必要になる．本工事では，緊張作業用機械器具について，電動

油圧ポンプを主体とした機器の軽量小型化，油圧系統の集約化をめざし，緊張作業システムの再構築を行った．**図-3.3.1**に緊張作業システムの概要を示す．

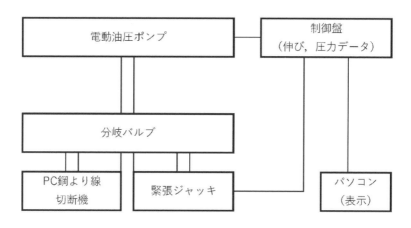

図 - 3.3.1　緊張作業システム

　緊張作業の手順としては，試験緊張として，最初に組み立てたセグメントリングの1本目のアンボンドPC鋼より線を使用し，定着用くさびをセットしないで，緊張端，固定端にロードセルを取り付けて緊張ジャッキを作動させ，携帯用デジタル式圧力計を用いて，両端部の荷重の差を計測することで，摩擦係数が計算値と差異がないことを確認し，計算値を導入緊張力（最終緊張力）とした．緊張ジャッキ内部の摩擦損失分は，摩擦係数を計測する際に，緊張ジャッキ端部にもロードセルを取り付けて同時に緊張端と緊張ジャッキ端部で測定される荷重の差分を考慮した．なお，本緊張作業では，電動油圧ポンプの荷重計（マノメーター）を使用して

最終緊張力を指示することになるため，あらかじめ導入緊張力に緊張ジャッキの支圧面積を考慮した圧力を用いることになる．本工事では，最初は，最終緊張力まで5MPaのピッチで加圧し，その都度，ジャッキストロークをコンベックスで測定して，緊張力とアンボンドPC鋼より線との伸びの関係に異常がないかどうかを確認した．計測記録は，ノートパソコンにデータを転送し，序章 4.施工方法 4.2.緊張管理（3）引張力と伸びを独立して管理する方法（グループ毎の緊張管理）に利用した．

㈠　緊張ジャッキ

　所定の緊張力に対し，十分容量のあるジャッキを選定する必要がある．しかし，緊張作業を人力で行う際，緊張ジャッキの軽量化は，作業性向上に不可欠となる．今回は，市販の200kNセンターホールジャッキを用いた．ジャッキストロークは100mmと少ないが，PC鋼材のたるみをとるため，初期緊張が必要になった．そのため，一度，最大ストロークまで緊張を行った後，油圧を解放してくさび定着を行い，少量の緊張力を導入する．その直後，緊張ジャッキのストロークを戻して，再度，最終緊張力まで加圧する（2度引き）を行った．なお，センターホールジャッキとRチェアの組合わせでは，くさび押込み装置が取り付けられないため，電動油圧ポンプの圧力を解放することで，アンボンドPC鋼より線が鋼製くさびを引込んで定着が完了する．

㈢　PC鋼より線切断機

　緊張定着後PC鋼より線の余長を切断するため，専用の小型切断機を新規に製作した．PCグラウトキャップを装着する必要がある

ため，PC鋼より線が定着体端部から3cm残るようにした．また，切断機の操作を簡素化し，緊張時に用いる電動油圧ポンプを兼用するため，**図-3.3.1**に示すような専用の分岐バルブを設けた．なお，切断機の刃先は，繰返し使用していると摩耗するため，交換が必要になる．100回程度は連続して使用できると思われるが，PC鋼より線の切断本数に応じて予備の刃先を用意しておくことが肝要となる．定着部切欠きの大きさについても，設計時点であらかじめ切断機の使用の適否を考慮しておくことが望ましい．

(5)　トンネル縦断方向の緊張作業

　トンネル縦断方向にアンボンドPC鋼より線を配置して緊張し，P&PCセグメントのリング継手の締結を行った．アンボンドPC鋼より線は，トンネル横断面方向の上下左右4列の配置とし，緊張作業は，サイクルタイムを考慮して，1リングに1箇所で済ませるようにした．**図-3.3.2**にP&PCセグメント6リング分の展開図を示す．これによれば，アンボンドPC鋼より線1本につきトンネル縦断方向のセグメントを3リング間隔で緊張することになり，組み立てたリングから3リング後方ではアンボンドPC鋼より線4列でリング間は確実に締結できる．なお，トンネル縦断方向のPC鋼より線は，掘進中に切欠きから挿入し，準備しておくとよいが，突出したPC鋼より線の先端が作業員に当たると危険なため，先端に保護キャップなどを取り付けておくとよい．

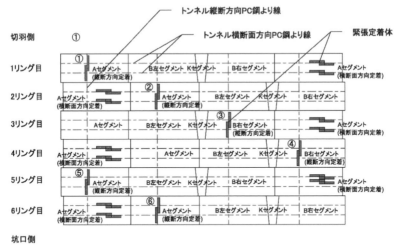

図-3.3.2　P&PCセグメントの展開図

⑹　施工結果

㈠　P&PCセグメントの安定性

　軸方向挿入型Kセグメントに適切な継手角度を設けることにより，土圧，水圧および裏込め注入圧などの外力作用時においても，組立て完了後，セグメントが滑動することはなく，セグメントの安定性が確保できた．また，トンネル横断面方向にプレストレスを導入することで，セグメントリングの真円度が向上した．内空変位計測結果を**表-3.4.1**に示す．

表-3.4.1　内空変位計測結果

セグメントの種類	内空寸法誤差の平均値（mm）	
	鉛直方向	水平方向
P&PCセグメント	− 3.0	0.0
鋼製セグメント	− 6.0	10.0
RCセグメント	− 4.0	6.0

㈑　アンボンド PC 鋼より線の挿入性

　改良した X アンカーを用いることで，アンボンド PC 鋼より線の
挿入作業は，円滑に行えることが確認できた．本工事で使用したト
ンネル横断方向のアンボンド PC 鋼より線（長さ 12 m）では，作業
員 1 名 1 本あたり 30 秒で挿入するサイクルを確立した．アンボン
ド PC 鋼より線の挿入状況を**写真-3.4.1** に示す．

㈒　アンボンド PC 鋼より線の緊張作業性

　緊張作業用機械器具の軽量小型化，操作性向上により，狭隘な
シールド機内空間を有効に活用した作業が可能となった．緊張作業
は，緊張ポンプの操作を含め，作業員 3 名で行い，アンボンド PC
鋼より線 1 本あたり 2 分と迅速なサイクルを確立することができた．
写真-3.4.2 に緊張作業状況を示す．

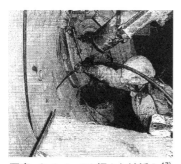

写真-3.4.1　PC 鋼より線挿入[17]　　　**写真-3.4.2　PC 鋼より線緊張**[17]

㈓　トンネル縦断方向の PC 鋼より線緊張による挙動

　トンネル縦断方向アンボンド PC 鋼より線の緊張力の経時変化を
図-3.4.1 に示す．これによれば，掘進時に，導入緊張力が若干減
少しているが，その要因は，推力によってセグメントが圧縮側に

弾性変形したと考えられ，その値は計算値と同等であった．また，緊張力の経時的な減少量は，施工後110日を経過した段階で約1%であり，設計で考慮した15%に対して微小であった．長期的には，トンネル造成により地山内部の応力が再分配され，安定性が得られた状態の中，緊張力減少量も微小な状態で収束に向かうものと想定される．

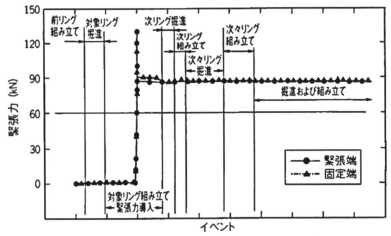

図-3.4.1　トンネル縦断方向緊張力の経時変化[17]

㈹　サイクルタイムと日進量による成果

　本工事のP&PCセグメント区間の1リングあたり平均施工サイクルタイムは，掘削25分，セグメント組立て45分，合計70分となった．なお，セグメント組立てのサイクルタイム（緊張作業を含む）は，作業員の習熟後，40分前後を達成した．**写真-3.4.3**にトンネル縦断方向の緊張作業，**写真-3.4.4**に軸方向挿入型Kセグメントの組立て状況を示す．

写真 - 3.4.3　縦断方向PC鋼より線緊張[17]

写真 - 3.4.4　軸方向挿入型Kセグメント組立て[17]

　本工事の日進量は，施工着手後，最初の第1週目（約50m）は，セグメント継手にボルト，ナットを使用しない従来とは異なる方法のため，作業員がセグメントの位置決めや初めての緊張作業に対して慣れないせいもあり，思うように進捗が得られなかった．しかし，第2週目以降は，1日平均12m，最大日進量16mを達成することができた[18]．

　P&PC セグメントでは，セグメントの組立てに緊張作業が伴い，ボルト継手構造を有するRCセグメントと比較すると，セグメントの組立て工程が大幅に異なる．しかし，最も大きな成果は，作業員が慣れることにより，従来と遜色のない施工実績を確立することができたことである．また，ボルト継手構造では，セグメントの横断面方向に沿って，ボルトを締付ける作業，また，ある程度掘進が進んだ段階でボルトの増締め作業が必要になるのに対し，アンボンドPC鋼より線を用いた緊張作業は，トンネル横断面方向では，セグメントリングの底部1箇所に集中すること，トンネル縦断方向では，頂部を含めても毎リング1箇所で済むこと，さらに，PC鋼より線の一度の定着でセグメントの締結が完結することなどで，作業員か

らは，労力を大幅に軽減できたとの感想も得られた．また，セグメントの締結に伴う高所作業も最小限で済むため，施工時の安全性も向上する．**写真-3.4.5**にP&PCセグメント施工区間全景を示す．

写真-3.4.5　P&PCセグメント施工区間全景

3.4.　今後の課題

　P&PCセグメント工法は，本工事の成果から，セグメントの製作，運搬，坑内での組立て，緊張作業などを含めて，一連の工法としての実用化を果たすことができた．また，これまで，多く採用されてきた標準セグメントの施工と遜色ない品質，施工性が立証されたと言える．しかしながら，初めてシールド工法に，プレストレストコンクリート特有の緊張作業という工程を組入れたことで，現場職員や作業員に抵抗感があったのは否めない．しかし，施工実績を重ねるうえで標準化が図れるようさらなる技術の改善が望まれる．具体的には，中大口径のシールドトンネルに適用を拡大する場合，アンボンドPC鋼より線の大容量化は避けられない．それに伴い，PC緊張作業用機械器具の大型化や重量増加が必要条件となる．よって，PC鋼より線の挿入位置までの供給，緊張ジャッキやPC鋼線

切断機の操作については，機械的なハンドリング装置などを設けなければならない．また，緊張ポンプによる荷重計と緊張ジャッキストロークによる計測も遠隔で自動化できるシステムによる省力化が望まれる．一方で，今回の施工では，トンネル縦断方向もアンボンドPC鋼より線を配置して，リング継手を締結した．耐震性の向上や条件によっては経済性に優れる当該方法も，良好な地盤条件で高速施工が要求される場合は，不利になる．よって，リング継手には，現在では，すでに他工事でも適用されている文献19) 〜 22) に示すピン挿入型継手を適用することが効果的である．特に中大口径のシールドトンネルになれば，トンネル縦断方向のPC鋼より線の配置本数が増えて，施工自体は，より煩雑となる．シールド工事用セグメントのリング継手は，現在，多様な製品が開発されており，その複合的な適用も可能である．その際には，トンネル横断方向のプレストレス導入時，セグメントが真円性を得ようとする若干の変位を許容できる機能を有することが重要になる．

　なお、P&PCセグメントの設計については，著者らが㈱ジオネットエンジニアリングと共同で設計ソフトウェアを開発しており、実務に活用できる。

参考文献

1)　金子正士，森信介，熊谷紳一郎，相良拓，二宮康治：PCプレキャスト内型枠を用いたECL工法の開発（その1），土木学会第49回年次学術講演会講演概要集第Ⅵ部門，1994.

2)　森信介，金子正士，近藤二郎，相良拓，二宮康治：PCプレキャスト内型枠を用いたECL工法の開発（その2），土木学会第49回年次学術講演会講演概要集第Ⅵ部門，1994.

3) 横田季彦，二宮康治，熊谷紳一郎，相良拓；PCプレキャスト内型枠を用いたECL工法の開発（その4），土木学会第50回年次学術講演会講演概要集第Ⅵ部門，1995.

4) 西川和良，田中正樹，中野泰志，坂本暁紀；PCプレキャスト内型枠を用いたECL工法の開発（その5），土木学会第50回年次学術講演会講演概要集第Ⅵ部門，1995.

5) 羽渕貴士，横田季彦，金子正士，守分敦郎；PCプレキャスト内型枠を用いたECL工法の開発（その6），土木学会第50回年次学術講演会講演概要集第Ⅵ部門，1995.

6) シールド工法技術協会HP；工法資料集，資料・参考文献，P&PCセグメント工法，詳細パンフレット.

7) シールド工法技術協会；P&PCセグメント工法，技術資料，2011.

8) 津嘉山淳；第67回（都市）施工体験発表会最優秀賞，P&PCセグメントの長距離施工と幹線道路下での異径地中接合-寝屋川流域下水道大東門真増補幹線-，トンネルと地下vol.42 no.1，土木工学社，2011.

9) （一財）先端建設技術センター；先端建設技術・技術審査証明報告書，P&PCセグメント工法，2009.

10) （公社）土木学会；2016年制定トンネル標準示方書[共通編]・同解説/[シールド工法編]・同解説，丸善出版，2016.

11) 松本清治郎，古市耕輔，桑原泰之，藤野豊，佐久間靖；突合わせ構造をしたセグメントピース間継手の評価方法と設計手法に関する提案，トンネル工学研究論文・報告集第10巻，報告（34），土木学会，2000.

12) 林光俊，斉藤正幸，小泉淳；ガス導管シールドトンネル用セグメントの力学実験と解析について，土木学会論文集No.535／Ⅲ-34，土木学会，1996.

13) （公社）土木学会；トンネルライブラリー第23号，セグメントの設計[改訂版]，丸善，2010.

14) （公財）鉄道総合技術研究所；鉄道構造物等設計標準・同解説-シールドトンネル-，丸善出版，1997.

15) 住友電工（株）カタログ；PC鋼より線の規格および仕様，1日本工業規格（JIS G 3536-2014）.

16) 斉藤進，金子正士，相良拓，杉本雅人，近藤二郎；PCセグメントの施工

報告，トンネル工学研究論文・報告集第9巻，報告(45)，土木学会，1999.

17) 勝井潤，石原悟志，長井信行，金子正士；施工研究，P&PCセグメント工法による下水道幹線シールドの施工，寝屋川流域下水道・八尾枚岡幹線(第4工区)，土木施工Vol.42 No.12，2001.

18) 安部弘勝，長井信行，西川和良，近藤二郎；P&PCセグメントを本掘進に採用，寝屋川流域下水道　八尾枚岡幹線第4工区，トンネルと地下vol.32 no10，土木工学社，2001.

19) 近藤二郎，須川智久，金子正士，相良拓；SGジョイントの開発（その1），概要および単体引張試験，土木学会第57回年次学術講演会講演概要集第VI部門，VI-018，2002.

20) 西川和良，高橋直樹，長井信行，植竹勝利；SGジョイントの開発（その2），継手挿入，引張試験とせん断試験，土木学会第57回年次学術講演会講演概要集第VI部門，VI-019，2002.

21) 杉本雅人，渡邊恵一，竹村恭二，大久保洋介；SGジョイントの開発（その3），セグメント組立試験，土木学会第57回年次学術講演会講演概要集第VI部門，VI-019，2002.

22) 西川和良，植竹勝利，小沼敬士，浅沼吉則；SGジョイントの開発（その4），耐震型SGジョイントの開発，土木学会第59回年次学術講演会講演概要集第VI部門，VI-015，2004.

第3章　超大口径PC推進工法

1. 超大口径PC推進工法とは

1.1. 概要

超大口径PC推進工法は，あらかじめ，プレストレス導入に必要なシース，緊張定着体を埋込んだ2等分割半円形の鉄筋コンクリート製推進管を工場で製作し，推進工事の現場まで運搬した後，プレストレスを導入して一体化し，推進管（以下，分割型PC推進管と称する）として用いる新しい発想の推進工法である．

推進工法の技術開発は，これまで，推進管の材質・強度，掘進機の掘削排土機構，添加材や滑材など多種多様な分野で発展してきた．しかし，推進管の最大外径は，鉄筋コンクリート製推進管の場合で，3,500mm（内径3,000mm）と限定されていた．これは，道路法（車両制限令）による積載高さ3.8m以下という制約のためであり，すでに超長距離施工の実現が可能になった中大口径管推進工法において，適用拡大に関する大きな障害になっていた．一方で，分割型PC推進管は，分割されたまま運搬されるため，積載高さの制約に関係なく，内径3,000mmを超える推進管による施工が可能となる．これは，わが国の推進工法の歴史を塗り替える画期的発明として話題になった．**図-1.1.1**に本工法の概要を示す．なお，本工法は，公益社団法人日本推進技術協会発行「超大口径管推進工法の指針と解説（案）」に掲載されている．

シールド工法は，掘進機に掘削排土機構，推進機構が一体となって装備されるため，設計されるトンネルの外径に合わせて，その都

度，掘削機，覆工用セグメントを新規製作する必要がある．そのため，一定の施工延長がなければ，経済的に不利になりやすい．一方で，推進工法では，特に，公益社団法人日本下水道協会において，推進管が規格化されているため，掘進機も回収，整備，転用されることが多く，また，推進管は，規格化された遠心力成型により製作されるため，大量生産が可能となり，施工延長に左右されることなく，経済性が発揮できる．超大口径PC推進工法もこの理念にもとづき，初期投資はやむを得ないとしても，将来的に，経済性に優れた工法となることに期待し、開発された．

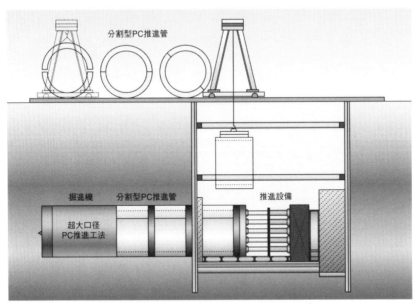

図-1.1.1　超大口径PC推進工法の概要[1]

超大口径 PC 推進工法の特長を示すと以下のとおりとなる.

㋐　推進工法の適用範囲を拡大

路上運搬の制限を受けることなく, 内径 3,000 mm を超える大口径推進管を使用した施工が可能となる.

㋑　建設コストの縮減

下水道推進工法の積算基準によれば, 施工延長が短い場合, シールド工法に比べて, 建設コストの縮減が期待できる.

㋒　工期の短縮

標準的なシールド工法と比べると, 狭隘な切羽や坑内での作業が比較的少ないため, 施工サイクルに関わる工期の短縮が可能となる.

㋓　品質の向上

プレストレスの導入により, 一体成型した鉄筋コンクリート製推進管と同等の性能を有する推進管となる. また, 真円性, 止水性, 耐久性に優れた推進管となる.

㋔　内水圧対応

高い内水圧が作用し, 推進管の横断面方向に引張力が卓越する場合でも, プレストレスの導入で, 部材を安定した圧縮状態に保つことができる.

超大口径 PC 推進工法では, 推進管を 2 等分割で組み立てることを原則とすれば, 分割した推進管の運搬重量や施工性を考慮した場合, 内径 3,500 mm から内径 5,000 mm までの適用が現実的と考えられる. ただし, 分割数や組立て方法を工夫すれば, さらなる大口径化も可能となる. また, 本工法を適用できる延長としては, 現存する推進設備の規模や滑材の性能を勘案すると, 最大 500 m 程度が限度と考えられる. 今後, 超大口径に伴う総推進力の低減を可能とす

る画期的な滑材，または，新たな推進設備の開発によって，施工延長の拡大が期待される．さらに，本工法の用途としては，上下水道，電気，ガスなどのライフラインはもとより，トンネル径の適用拡大に伴い，共同溝や鉄道トンネルなどへの利用も可能となる．超大口径PC推進工法の施工フローを**図-1.1.2**に示す．

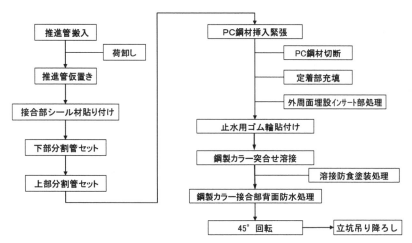

*) 立坑内部で推進管組立てを行うことも可．坑内配線などの接続が容易になる．

図-1.1.2　超大口径PC推進工法の施工フロー [2)]

1.2．分割型PC推進管の構造

　分割型PC推進管は，2等分割半円形状をしており，実際に推進工事を行う現地でプレストレスを導入して一体化する．推進管の工場製作は，推進管完成後に真円性が確保できるように設計された円筒形鋼製型枠を1組使用し，1回のコンクリート打設で1本の推進管を製作する．推進管の厚さは，文献8) の標準管呼び径800～3,000を参考にして，必要とされる鉄筋コンクリート管の性能を求

め，プレストレスを導入したうえで，同等の性能が得られるよう定めた．また，推進管の長さは，有効長さ2,300 mm ～ 2,500 mmを標準とするが，曲線施工も考慮し，標準長さ以下となる場合は，別途検討を行う．**図-1.2.1**に分割型PC推進管の概要を示す．

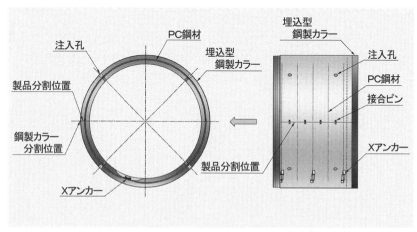

図-1.2.1　分割型PC推進管の概要[1] を編集

　2等分割半円形状の推進管は，鉄筋コンクリート製で，アンボンドPC鋼より線を挿入するためのシース（波付き硬質ポリエチレン管）と鋳鉄製一体型定着体（Xアンカー）が埋込んである．アンボンドPC鋼より線は，PC鋼より線をポリエチレンで被覆し，内部にグリースを充填してあるため，緊張時に生じるPC鋼より線とシースとの摩擦が低減され，円周方向1周1箇所の片引き緊張で所要のプレストレスが導入できる．鋳鉄製一体型定着体（Xアンカー）は，緊張端と固定端が一体となっており，緊張時の油圧ジャッキ反力が直接管材に作用せず，定着具背面の補強鉄筋が不要となり，製作性が向上する．**写真-1.2.1**にアンボンドPC鋼より線，**写真-1.2.2**に

鋳鉄製一体型定着体（Xアンカー）を示す.

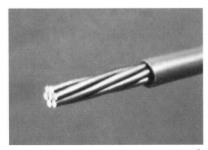

写真-1.2.1　アンボンドPC鋼より線[1]

写真-1.2.2　鋳鉄製一体型定着
体（Xアンカー）[2]

　2等分割された推進管は，円形状に組み立てる際，接合面に段差，目違いが生じないような組立て精度が要求される. また，接合面には，あらかじめプレストレスが導入されているが，施工中，推進管の蛇行などでPC鋼より線にせん断力が作用しないよう推進管の進行方向に対するずれ止めが必要となる. そのため，分割型PC推進管の接合面には，アンボンドPC鋼より線との間に接合ピンを配置している. 写真-1.2.3に接合ピンを示す.

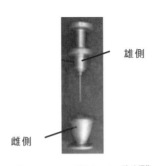

雄側

雌側

写真-1.2.3　接合ピン[3] を編集

分割型 PC 推進管の特長を以下に示す.

㋐　推進管の厚さを低減

　プレストレスの導入により，鉄筋の発生応力を抑えることができるため，横断面方向の検討において，鉄筋コンクリート構造と比較した場合は，管材の厚さを小さくできる.

㋑　高い曲げ剛性

　接合部は，コンクリート面の突合わせ構造でプレストレスにより締結されるため，接合面が全断面圧縮状態であれば，主断面と同等の高い曲げ剛性を有する. このため，接合面を曲げモーメントの小さい頂部から 45° 付近に配置することで，従来用いられてきた一体成型の鉄筋コンクリート製推進管と同等の高い曲げ剛性が得られる.

㋒　高い耐久性

　プレストレスの導入で，コンクリートのひび割れ発生を積極的に抑制できるため，優れた耐久性が得られる.

㋓　高い耐震性

　コンクリートとの付着のないアンボンド PC 鋼より線を採用している. このため，地震時に接合面に目開きが生じても，PC 鋼より線の応力度は，局部的に降伏に至ることはなく，弾性状態に保たれる. よって，脆性的な破壊が生じにくい，復元性の高い構造となる.

　文献 8) などには，下水道工法用鉄筋コンクリートが規格化されており，これにより，推進工法は，掘進機や施工設備が標準化されるため，シールド工法などと比較すると，経済的に有利な工法と認識されている. 超大口径 PC 推進工法においても，同様の考え方により，分割型 PC 推進管の標準的な仕様を提案している. **表-1.2.1**

に分割型PC推進管の標準的な仕様を示す.

表-1.2.1　分割型PC推進管の仕様[2) を編集]

呼び径	内径	厚さ	外径	有効長	重量	埋込み鋼製カラー			吊り具	
						厚さ	全長	受口長	上部	下部
(mm)	(mm)	(mm)	(mm)	(mm)	(kN/m)	(mm)	(mm)	(mm)	(個)	(個)
3,500	3,500	275	4,050	2,300	78	9	350	200	6	6
4,000	4,000	300	4,600	2,300	97	9	350	200	6	6
4,500	4,500	325	5,150	2,500	118	12	350	200	6	6
5,000	5,000	350	5,700	2,500	141	12	355	205	6	6

1.3.　施工方法

　超大口径PC推進工法の施工では，分割型PC推進管の現地組立てがあり，通常の推進工法と施工手順が異なる．以下に，施工方法とその手順について，詳述する.

(1)　推進管の製作

　内側は円筒型，外側は2分割となった鋼製型枠を縦置きにして，推進管を製作する．接合面には，仕切り板を設けて，1回のコンクリート打設で1本分の推進管を製作する単体鋼製型枠製法を適用する．鋼製カラーは，形状保持のため補強リブを設け，型枠に固定した．鉄筋は，プレハブ化すると省力化を図ることができる．コンクリートの水密性向上には，高炉スラグ微粉末などの利用に効果がある．**写真-1.3.1**に鋼製型枠，**写真-1.3.2**に推進管の配筋状況を示す.

写真-1.3.1　鋼製型枠[4]

写真-1.3.2　配筋状況[4]

(2)　推進管の運搬

　製作が完了した推進管は，十分な養生期間を経て，推進工事が行われる現地まで運搬される．分割された推進管を道路法（車両制限令）による積載高さの制約を受けないような配置でトレーラーなどに積込み，公道を走行して工事現場に搬入する．**写真-1.3.3**に分割型PC推進管の運搬状況を示す．

写真-1.3.3　推進管の運搬状況[2]

(3)　推進管の組立て

　発進基地にて，搬入した分割推進管を組立て専用架台に下半部から吊下ろし，空いたスペースに上半部を吊下ろす．推進管の上下半

部の接合面に水膨張系シール材による防水工を施した後，クレーンを使用して，円形状に組み立てる．アンボンドPC鋼より線を推進管底部に設けた切欠きから順番に挿入し，油圧のセンターホールジャッキにより緊張定着を行い，分割されている推進管を接合，一体化する．緊張作業，緊張管理の詳細については，第2章 1.P&PCセグメント工法とは 1.3.施工方法に述べた内容と同様である．推進管の接合完了後，埋込み鋼製カラーの接合溶接を行う．推進管差し口には，ゴム輪を取り付ける．アンボンドPC鋼より線とシースの間隙には，PCグラウトを注入し，定着部の切欠きを無収縮モルタルで充填する．**写真-1.3.4**に分割型PC推進管の組立て状況，**写真-1.3.5**にアンボンドPC鋼より線挿入状況，**写真-1.3.6**にPC鋼より線の緊張状況を示す．最後に，分割型PC推進管の接合面を外荷重による曲げモーメントが最小となる45°付近に配置するため，推進管を回転させる．この場合，組立て専用架台にローラーを装備する方法，推進管と架台との間にテフロン製のシートなどの摩擦の小さい材料を挟んで使用する方法などがある．**写真-1.3.7**にテフロン製のシートを用いた場合の推進管の回転状況を示す．

写真-1.3.4　推進管組立[1]

写真-1.3.5　アンボンドPC鋼より線挿入[1]

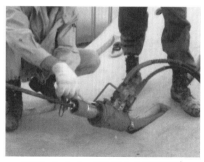

写真 - 1.3.6　PC鋼より線緊張[1]

写真 - 1.3.7　推進管の回転[5]

⑷　推進管の立坑投入，推進工の開始

　組立て完了後の推進管は，いったん仮置き場に移動し，推進工程に合わせて，発進立坑内に投入する．先行推進管との接続完了後，推進を開始する．以降の手順は，通常の推進工法と同様となる．**写真-1.3.8** に推進工開始状況を示す．

写真 - 1.3.8　推進工開始[2]

1.4.　施工設備

　超大口径 PC 推進工法に必要な主な設備としては，分割型 PC 推進管の組立て用資機材がある．これらのうち，PC 鋼より線の緊張定着に使用する緊張作業用機械器具，PC グラウト用機械器具など

については，第2章 1. P&PCセグメント工法とは 1.4.施工設備に述べた内容と同様である．ここでは，本工法の特徴となる掘進機，発進基地，後退防止装置についてのみ概説する．

(1) 掘進機

　掘進機は，分割型PC推進管と同様に道路運搬上，掘進機外殻を長さ方向だけでなく，円周方向にも半円筒状に分割する必要があるため「上下分割型掘進機」の構造となる．**図-1.4.1**に掘進機の分割イメージ，**写真-1.4.1**にボルト接合された掘進機の外殻構造，**写真-1.4.2**に掘進機の現地組立て状況を示す．

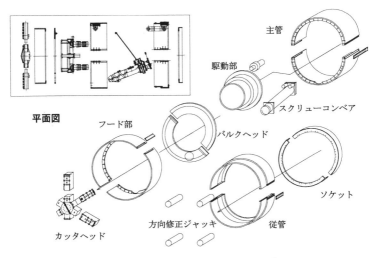

図-1.4.1　掘進機の分割イメージ[2)]

写真-1.4.1　掘進機の外郭構造[2]

写真-1.4.2　掘進機現地組立て[2]

　また，従来の推進工法のように掘進機を一体化した状態で運搬できないため，運搬車両に分割して積込み，推進工事を行う現地（発進立坑内部）で組立てを行う必要がある．

　よって，施工条件にもよるが，発進立坑のスペースなどを勘案したうえで，掘進機の組立て手順を立案し，必要な部品が組立て工程どおりに搬入できるよう運搬車両への積込み方法を検討する必要がある．**図-1.4.2**に掘進機の分割積載例を示す．

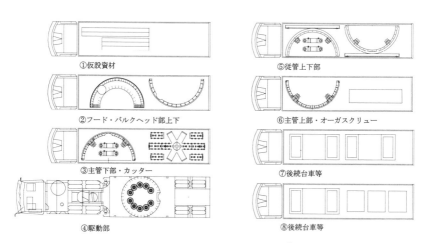

①仮設資材
⑤従管上下部
②フード・バルクヘッド部上下
⑥主管上部・オーガスクリュー
③主管下部・カッター
⑦後続台車等
④駆動部
⑧後続台車等

図-1.4.2　掘進機の分割積載[2]

(2) 発進基地計画

　従来の大中口径推進工法と比較すると，トンネル径自体が大きくなることに加え，推進管の組立て，仮置きスペースが必要になるため，発進基地には広い敷地が必要になる．また，推進管組立て用の資機材を保管するスペースも確保する必要がある．

2．分割型PC推進管の設計手法

2.1．作用の算定

　超大口径PC推進工法では，トンネル径が大きくなり，用途が拡大する可能性がある．よって，使用目的に応じた事業者の技術基準に準拠し，設計を行うことが重要となる．

　ここでは，下水道管渠に使用されることを念頭に，文献6) の基準による設計に基づいた作用の考え方を示す．その理由としては，従来，大口径推進工法と位置づけられた呼び径3,000鉄筋コンクリート製推進管の設計で適用されてきた考え方と矛盾を生じることがないよう配慮したためである．しかしながら，すでに，第1章で述べたシールド工事用セグメントの設計手法も同じトンネル構造を対象として，合理的な考え方に立脚しており，今後は，作用の扱いについても，土被りの条件などから，双方のすり合わせが進展していくものと考えられる．

(1) 土圧

　管の鉛直方向の耐荷力を検討する場合の土圧は，鉛直土圧のみを考慮する．鉛直土圧の算定は，全土被り土圧（全土荷重）とTerzaghiの緩み土圧を使い分ける．全土被り土圧は，土被りが2D（D：管外径）または，2m程度以下と比較的小さく，土のアーチン

グ効果への信頼性が低いと判断される場合や緩み高さが土被りに比べ大きくなる場合に採用する．緩み土圧は，土のアーチング効果が信頼できると判断できる場合に採用する．緩み土圧の計算方法には，一般的にTerzaghiの式が採用され，土被り10m程度以内に路線が計画される場合は，原則として均一地盤，それを超える場合は，多層地盤として計算する．緩み土圧算定式については，第1章 2.推進工法 2.2.設計手法（4）管に作用する荷重に記載のとおりである．

(2)　水圧

　切羽の安定検討，推進力の計算では，地下水圧を考慮するが，管の鉛直方向の耐荷力を検討する場合は，地下水圧も加味した土水一体の地盤として管に作用する土圧を算出する．地下水圧は，推進管外周に等変分布に作用し，円管に作用する軸力を増加させ，曲げモーメントを減少させる傾向がある．推進管の耐荷力照査方法では，管の抵抗モーメントに着目する特殊性もあり，鉛直荷重算定にあたっては，原則として，すべての地盤を土水一体の鉛直土圧として算定する．

(3)　活荷重

　活荷重は，布設位置を考慮する．道路下の場合は，T-25，また，鉄道の軌道下を横断する場合は，管理者に確認のうえ，車両荷重を，さらに，T荷重が作用する場合は，推進管に不利な応力を与える荷重を検討する．設計自動車荷重を250kNとして活荷重を求める場合は，第1章 2.推進工法 2.2.設計手法（4）管に作用する荷重に示した算定式で求める．

(4) 自重

管自重は，推進力の算定では考慮するが，管の鉛直方向の耐荷力の検討では考慮しない．

(5) 地盤反力

推進力の算定においては，推進管周囲に等分布する土圧を考慮するために，地盤反力も土圧と相等しい値で等分布であるとする．管の鉛直方向の耐荷力の検討では，管頂部の土圧とつり合うように支承角120°の範囲に等分布に地盤反力が発生すると考える．

(6) 施工時荷重

(ア) 先端抵抗力

先端抵抗力は，地山の状態や掘削機構により異なり，崩壊性地山の場合は，切羽土圧，自立性地山の場合は，掘進機の貫入抵抗となる．この場合，切羽水圧は分離して考える．

(イ) 周面抵抗力

周面抵抗力は，推進中に管外周面と地山との摩擦と付着に起因する抵抗力である．管外周面の土と摩擦抵抗角および付着力は，管外周の乱さない土の内部摩擦角や付着力よりも一般的に小さくなる．この周面抵抗力は，同じ土質でも直線区間と曲線区間で異なる．

(ウ) 推進力

総推進力は，先端抵抗力と周面抵抗力の合計を目安とする．

(エ) 曲線部の地盤反力

曲線施工においては，曲線固有の現象として推進管は地盤反力により背面からの力を受けることになるため，曲線施工に適合した設

計を行う.

2.2.　使用材料

使用材料は，以下の規定に準じるものとする[7].

(1)　セメント

セメントは，次のいずれかに適合するもの，または，品質がこれらと同等以上のものを使用する.

- ㈦　JIS R 5210（ポルトランドセメント）
- ㈠　JIS R 5211（高炉セメント）
- ㈡　JIS R 5212（シリカセメント）
- ㈢　JIS R 5213（フライアッシュセメント）
- ㈣　JIS R 9151（エコセメント）

(2)　骨材

骨材は，JIS A 5308（レディーミクストコンクリート）の附属書1（レディーミクストコンクリート用骨材）に適合するものを使用する．なお，JIS A 5308の附属書1で区分Bの骨材を使用する場合は，JIS A 5308の附属書6（セメントの選定などによるアルカリ骨材反応の抑制対策の方法）の3.，4.および5.に規定するアルカリ骨材反応抑制対策のいずれかを講じる.

(3)　水

水は，JIS A 5308の附属書9（レディーミクストコンクリートの練混ぜに用いる水）に適合するものを使用する.

(4) 鉄筋

　鉄筋は，次のいずれかの規格に適合するもの，または，機械的性質がこれらと同等以上のものを使用する．

　　㋐　JIS G 3112（鉄筋コンクリート用棒鋼）

　　㋑　JIS G 3117（鉄筋コンクリート用再生棒鋼）

　　㋒　JIS G 3521（硬鋼線）

　　㋓　JIS G 3532（鉄線）

　　㋔　JIS G 3551（溶接金網）

　　㋕　JIS G 3137（細径異形PC鋼棒）

　　㋖　JIS G 3538（PC硬鋼線）

(5) 混和材料

　混和材料を使用する場合は，管に有害な影響を及ぼさないものを使用する．フライアッシュ，膨張材，化学混和剤および防錆剤を使用する場合には，次の規格に適合するものを使用する．

　　㋐　JIS A 6201（コンクリート用フライアッシュ）

　　㋑　JIS A 6202（コンクリート用膨張材）

　　㋒　JIS A 6204（コンクリート用化学混和剤）

　　㋓　JIS A 6205（コンクリート用防せい剤）

　　㋔　JIS A 6206（コンクリート用高炉スラグ微粉末）

　　㋕　JASS 5 T-701-2005（高強度コンクリート用セメントの品質基準（案））

(6) 鋼材

　鋼材は，次のいずれかに適合するもの，または，機械的性質がこ

れらと同等以上のものとする.

- ㋐　JIS G 3101（一般構造用圧延鋼材）
- ㋑　JIS G 3106（溶接構造用圧延鋼材）
- ㋒　JIS G 3536（PC 鋼線および PC 鋼より線）
- ㋓　JIS G 4052（焼入性を保証した構造用鋼鋼材（H 鋼））
- ㋔　JIS G 4053（機械構造用合金鋼鋼材）
- ㋕　JIS G 5502（球状黒鉛鋳鉄品）
- ㋖　JIS G 5503（オーステンバ球状黒鉛鋳鉄品）
- ㋗　JIS B 1194（六角穴付き皿ボルト）

(7)　シール材

　管の接合面に用いるシール材は，水膨張性を確保できるもので耐久性のあるものを使用する．シール材として水道用ゴムを用いる場合は，JIS K 6353（水道用ゴム）に規定するものとし，標準管用はⅣ類，中押用はⅠ類 A60 に適合するものを使用する．また，樹脂系接着剤を使用する場合は JSCE-H101（土木学会規準「プレキャストコンクリート用エポキシ系接着剤品質規格」）に適合するものとする.

2.3.　鉛直方向の管の耐荷力算定

(1)　外圧強さより求まる管の抵抗モーメント

　文献8) では，管材に幅0.05 mm のひび割れが生じた時の試験機が示す荷重を有効長 L で除したひび割れ荷重，および試験機が示す最大荷重を有効長 L で除した破壊荷重が管の外圧強さとして示されている．外圧強さより求まる管の抵抗モーメントは，第1章 2.推進工法 2.2.設計手法の式（2.2.12）で求めることができる．しかし

ながら，超大口径PC推進工法では，内径3,500mmから5,000mmのすべての分割型PC推進管において，上記荷重を載荷試験にて確認しているわけではない．よって，外圧強さより求まる管の抵抗モーメントをひび割れ抵抗モーメントとして，プレストレス力を考慮した次式で算定[9]を修正し，設計プレストレスの計算は，序章3.設計手法 3.3.プレストレスの計算に準じる．

$$M_r = \frac{I}{m\,(h-x)}\,(\sigma_{bt}+\sigma_p)$$

(2.3.1)

$$x = \sqrt{\left\{\frac{m\cdot b\cdot h + n\,(A_s + A'_s)}{b\,(1-m)}\right\}^2 + \frac{m\cdot b\cdot h^2 + 2n\,(A_s\cdot d + A'_s\cdot d')}{b\,(1-m)}}$$
$$-\frac{m\cdot b\cdot h + n\,(A_s + A'_s)}{b\,(1-m)}$$

(2.3.2)

$$I = \frac{b}{3}\left[\{x^3 + m\,(h-x)^3\} + n\cdot A_s\,(d-x)^2 + n\cdot A'_s\,(x-d')^2\right]$$

(2.3.3)

ここに，　M_r ： ひび割れ抵抗モーメント (Nmm)

　　　　　x ： 中立軸の位置 (mm)

　　　　　I ： 断面二次モーメント (mm^4)

　　　　　h ： 管厚さ (mm)

　　　　　d ： 有効高 (mm)

　　　　　d' ： 主鉄筋かぶり (mm)

　　　　　A_s ： 引張鉄筋断面積 (mm^2)

　　　　　A'_s ： 圧縮鉄筋断面積 (mm^2)

　　　　　b ： 管の長さ (mm)

　　　　　E_s ： 鉄筋のヤング係数 (N/mm^2)

E_c ：　コンクリートの圧縮ヤング係数 $(\mathrm{N/mm^2})$

E_t ：　コンクリートの引張ヤング係数 $(\mathrm{N/mm^2})$

m ：　ヤング係数比；E_t/E_c　0.5[9]

n ：　ヤング係数比；E_s/E_c　7.0[9]

σ_c ：　コンクリートの圧縮強度 $(\mathrm{N/mm^2})$　$=f'_{ck}$[3][4]

σ_{bt} ：　コンクリートの曲げ引張強度 $(\mathrm{N/mm^2})$

　　　　 ＝コンクリートの曲げひび割れ強度 $(\mathrm{N/mm^2})$

　　　　 $f_{bck}=0.6/\sqrt[3]{h}\cdot f_{tk}$）

　　　　 ただし，$f_{tk}=0.23f'^{2/3}_{ck}$；コンクリートの引張強度 $(\mathrm{N/mm^2})$ [10]

σ_p ：　設計プレストレス力 $(\mathrm{N/mm^2})$

　分割型PC推進管の鉛直方向の接合部は，目開きが生じないことが重要であるため，目開き抵抗モーメント M_{rj} を定義する．接合面に外力と導入プレストレスがつり合うまで，目開きが生じないものとすると，接合面の目開き抵抗モーメントは，次式で算定される．

$$M_{rj}=\sigma_p\cdot Z \tag{2.3.4}$$

ここに，M_{rj} ：　接合面の目開き抵抗モーメント $(\mathrm{Nm/m})$

　　　　 σ_p ：　設計プレストレス力 $(\mathrm{N/mm^2})$

　　　　 Z ：　断面係数 $(\mathrm{mm^3})$

(2)　鉛直等分布荷重により管に生じる曲げモーメント

　鉛直等分布荷重によって管に生じる最大曲げモーメントは管の底部で生じるが，第1章 2.推進工法 2.2.設計手法の式（2.2.13）と同様，120°の自由支承を考慮して次式で算定する．

$$M=0.275\cdot q\cdot r^2 \tag{2.3.5}$$

ここに，　M　；　鉛直等分布荷重により管に生じる曲げモーメント
（kNm/m）

　　　　q　；　等分布荷重（kN/m²）
　　　　　　　*) 第1章 2.推進工法 2.2.設計手法 (4) 管に作用する荷重参照

　　　　r　；　管厚中心半径（m）

　分割型PC推進管の鉛直方向の接合部は，管の頂部から45°および225°付近の曲げモーメントが最も小さい位置に設けることにしているが，接合位置での照査に必要な鉛直等分布荷重によって生じる任意の位置の曲げモーメントは，次式で算定する[11].

$$M_j = k \cdot q \cdot r^2 \qquad (2.3.6)$$

$$k = \frac{3}{8} + \frac{1}{2\pi} \cdot \left\{ \frac{3}{2} \cdot \cos\phi + \frac{\phi}{2} \cdot \frac{1}{\sin\phi} - (\pi - \phi) \cdot \sin\phi \right\}$$

$$- \frac{1}{3\pi} \cdot \cos^2\phi \cdot \cos\theta - \frac{1}{2} \cdot \frac{1}{\sin\phi} \cdot \sin^2\theta \qquad (2.3.7)$$

ここに，　　　　M_j　；　鉛直等分布荷重により接合面に生じる曲げモーメント（kNm/m）

　　　　　　k　；　荷重分布および支承の状態によって変わる係数

　　　　　　ϕ　；　支承角の1/2（60°）1.047ラジアン

　　　　　　θ　；　管の底部から接合面までの角度（0°の場合，2.3.5式が得られる）

(3)　鉛直等分布荷重による管のひび割れ安全率，および接合面の目開き安全率

　等分布荷重によって生じるひび割れ荷重，および接合面の目開き

荷重に対する安全率 f は，式（2.3.1）による外圧強さにより求まる管の抵抗モーメント M_r，または，式（2.3.4）による接合面の目開き抵抗モーメントと，式（2.3.5）による鉛直等分布荷重により管に生じる曲げモーメント M，または，式（2.3.6）による鉛直等分布荷重により接合面に生じる曲げモーメント M_j，の比を用いて，次式により照査する．

$$f = \frac{M_r}{M} \geq 1.2$$

$$（2.3.8）$$

$$f = \frac{M_{rj}}{M_j} \geq 1.2$$

$$（2.3.9）$$

⑷　推進方向における接合面のせん断力

　分割型 PC 推進管の接合面には，推進管組立て時の接合精度の確保，および施工時の曲線施工や推進管の蛇行などで PC 鋼より線にせん断力が作用しないように，本章1.2分割型 PC 推進管の構造に示す接合ピンを配置している．よって，接合ピンの所要本数については，接合面1箇所あたりに作用する推進方向のせん断力が総推進力の30％程度と推定し[3]，次式によって算定する．ただし，推進方向のせん断力については，実際の施工条件に応じて，解析的手法で推定を行い，施工時の計測によって検証することが望まれる．

$$n = \frac{0.3F}{\tau_{ja} \cdot A \cdot S}$$

$$（2.3.10）$$

ここに，$\quad n$ ： 接合面1箇所あたりの接合ピン本数（本）

$\qquad\quad F$ ： 直線推進時の総推進力（kN）
[*] 第1章 2.推進工法 2.2.設計手法（10）推進力②泥水・土圧式算定式による

$\qquad\quad \tau_{ja}$ ： 接合ピンの許容応力度（N/mm²）

$\qquad\quad A$ ： 接合ピン1本当りの軸断面積（mm²）

$\qquad\quad S$ ： 管の図心軸周長（mm）

2.4. 推進方向の管の耐荷力算定

(1) コンクリートの許容平均圧縮応力度

文献8）では，コンクリートの圧縮強度について，50 N/mm²，および70 N/mm² を原則としている．よって，許容平均圧縮応力度 σ_{ma} は，それぞれ13.0 N/mm²，および17.5 N/mm² とする[6]．

(2) 管の有効断面積

設計に用いる管の有効断面積 A_e は，**図-2.4.1** に示す有効管厚さで算定する．

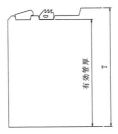

有効管厚

図-2.4.1 分割型PC推進管の有効厚さ [2]

(3) 管の許容耐荷力

管の許容耐荷力は，第1章 2.推進工法 2.2.設計手法の式（2.2.18）

に示したとおり，次式で算定する．算定結果を**表-2.4.1**に示す．

$$F_a = 1000 \cdot \sigma_{ma} \cdot A_e \qquad (2.4.1)$$

ここに，F_a　：管の許容耐荷力（kN）

σ_{ma}　：コンクリートの許容平均圧縮応力度（N/mm²）

A_e　：管の有効断面積（m²）管端部の管の最小断面積

表-2.4.1　分割型 PC 推進管の許容耐荷力[2) を編集]

呼び径	管厚さ (mm)	カラー厚 (mm)	有効厚さ (mm)	有効断面積 (m²)	管重量 (kN/m)	許容耐荷力 F_a (kN)	
						σ_c = 50 N/ mm²	σ_c = 70 N/ mm²
3,500	275	9	250	2.945	79.90	38,288	51,542
4,000	300		272	3.650	99.29	47,456	63,383
4,500	325	12	294	4.474	121.95	58,163	78,296
5,000	350		318	5.413	146.82	70,365	94,723

(4)　許容推進延長

　推進力の計算は，第1章 2.推進工法 2.2.設計手法（10）推進力②泥水・土圧式算定式の式（2.2.20）～式（2.2.20.2）および**表-2.2.5**に準じて算定する．

　また，許容推進延長は，第1章 2.推進工法 2.2.設計手法（11）許容推進延長の式（2.2.22）を用いて照査を行う．

2.5. 構造細目

(1) 推進管の厚さ

分割型PC推進管の厚さは，鉄筋，および緊張定着体が所要のかぶりを確保できるよう配置したうえで，施工時や供用時の鉛直断面方向や推進方向の基本的な荷重条件を満足する標準的な厚さとして，推進管の呼び径に応じ，本章 1.超大口径PC推進工法とは 1.2.分割型PC推進管の構造の**表-1.2.1**のとおりとしている．ただし，特殊な荷重条件で標準的な厚さを満足しない場合は，個別に検討し，最低限必要な管の厚さを別途定める．

(2) 推進管の長さ

分割型PC推進管の長さは，文献8）に準じて，埋込みカラーの突出長を含めて，大型トラック，またはトレーラーなどの積載幅に収まる長さを標準とし，推進管の径と長さによる安定性も考慮して定めた．

(3) 分割数と接合部の配置

分割型PC推進管の分割は，2分割を基本としている．これは，呼び径5,000までは，2分割することで，積載高さの制約を受けないことによる．本工法を用いる場合は，プレストレスにより一体化できるため，施工条件などを考慮して，分割数を増やすことも可能であるが，推進管を組み立てる際の安定性に留意する．

接合部の配置は，2分割として，頂部から45°，225°付近とし，推進管1本ごとに左右に振分けて（千鳥配置），推進方向の接続を行う．これは，一般に，鉛直方向の荷重に対し，推進管の45°，225°

付近が外力によって作用する曲げモーメント正負の反曲点となり，曲げモーメントの発生が小さく，接合面を外力による軸力と導入プレストレスにより，全断面圧縮状態に保つことができる理由による．

(4)　推進方向の継手構造

　分割型PC推進管における推進方向の継手は，埋込み鋼製カラー受口とコンクリート差し口で構成される．差し口側には，止水材としてゴム輪を装着する．埋込み鋼製カラーは，溶接接合するが，加熱によって推進管のコンクリートが損傷しないよう，埋込み鋼製カラー背面に断熱効果の高い遮熱板（セラミック製品など）を配置する．**図-2.5.1**に推進方向継手の断面図を示す．

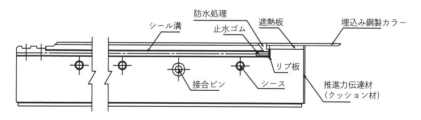

図-2.5.1　分割型PC推進管の推進方向継手[2)]

(5)　接合ピンの配置

　分割型PC推進管の接合面は，コンクリート突合わせ構造で，アンボンドPC鋼より線の緊張により得られるプレストレスが導入される．接合部でのプレストレスの効率的な伝達には，接合精度が重要になる．そこで，組立て時には，位置決めとずれ止めの機能を有し，施工時には，接合面に作用するせん断力にも抵抗できる接合ピンを配置する．接合ピンの材質では，強度や耐久性を考慮して，球

状黒鉛鋳鉄品（JIS G 5502）FCD450などを用いる．**図-2.5.2**に接合ピンの形状，**図-2.5.3**に接合面の構造を示す．

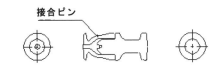

図-2.5.2 接合ピンの形状[2) を編集]

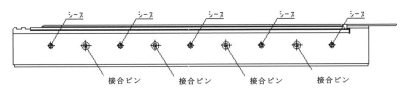

図-2.5.3 接合面の構造[2) を編集]

(6) 緊張定着箇所

分割型PC推進管の横断面方向1周あたりの緊張定着箇所数は，1箇所を原則としている．これは，アンボンドPC鋼より線とシースとの間の摩擦係数がきわめて小さく，1周1箇所の片引き緊張（緊張ジャッキ1台で片側から交互に緊張）でも均等なプレストレスを導入できることを性能試験にて確認している[4)]．なお，取付け管などにより，推進管に開口部を設ける場合，アンボンドPC鋼より線は，開口部を避けて配置する必要もあり，条件に応じて，緊張箇所数を増やすなどの検討が必要になる．

分割型PC推進管の推進方向の緊張本数は，プレストレスが推進管の長さ方向に均等に導入されるように配置する．一般に，50cm以内の等間隔配置を基本とする．

⑺　アンボンドPC鋼より線の緊張定着

　アンボンドPC鋼材の緊張定着は，本章 1.超大口径PC推進工法とは 1.2.分割型PC推進管の構造の**写真-1.2.2**に示す鋳鉄製一体型定着体（Xアンカー）を推進管製作時に推進管本体に埋込んでおき，その両端部に切欠きを設ける．現地で分割型PC推進管を円形に組み立てた後，アンボンドPC鋼より線を切欠きから挿入する．この切欠きは，推進管の外面側，または，内面側に設ける場合が考えられるが，足場の要否を含めた作業性を考慮すると，推進管の内面側で底部付近に設けるほうが緊張定着作業の効率はよい．**図-2.5.4**に鋳鉄製一体型定着体（Xアンカー）の形状を示す．なお，分割型PC推進管が供用時，厳しい腐食環境に置かれる場合には，序章 2.使用材料 2.1.PC鋼材とシース（2）特殊なPC鋼材に示したポリエチレン被覆内部充塡型エポキシ樹脂被覆PC鋼より線などの適用を検討する．

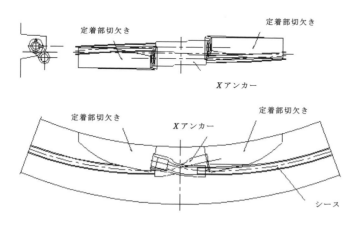

図-2.5.4　鋳鉄製一体型定着体（Xアンカー）の形状[2) を編集]

(8) 推進管の防水

　分割型PC推進管の接合面には，地下水の浸入を防止するため，コンクリート面にシール溝を設け，水膨張系シール材を貼る．このシール材は，埋込み鋼製カラーの補強リブ板背面を周回する止水用ゴムと接合する．このため，埋込み鋼製カラー端部には，コンクリートの小さい箱抜きを設ける必要があるが，水膨張系シール材と止水用ゴムの接合後にエポキシ樹脂系材料などで充填し，さらに表面を塗膜防水剤などで処理するとよい．また，差し口側は，ゴム輪と重ね合わせ，推進方向継手背面からの地下水の浸入を遮断する．推進方向継手部分の止水方法は，文献8) に準じた継手構造によるものとし，推進管コンクリート差し口に装着したゴム輪を適用する．図-2.5.5に接合面の防水構造を示す．

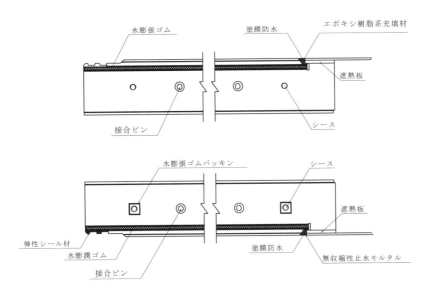

図-2.5.5　接合面の防水構造[2] を編集

288

⑼　注入孔と吊り手

　裏込め注入孔および滑材注入孔は，文献8）に記載と同様の構造
とし，所定の位置に配置する．また，注入孔は，強度を十分勘案し
たうえで，吊り手として兼用することもできる．分割型PC推進管
は，組立て前は半円形状であり，クレーンなどの揚重機で吊り上げ
る際，管材にねじれが生じないよう重心などに配慮して，吊手位置
を十分検討するとともに，適切な吊り治具を用いて，吊上げ，吊下
ろしなどの作業を行う．**図-2.5.6**に分割型PC推進管下部の設置状
況，**図-2.5.7**に同上部の設置状況を示す．

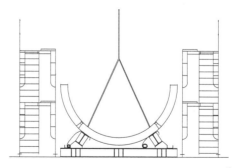

図-2.5.6　分割型PC推進管の下部設置状況[2]

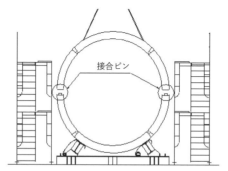

図-2.5.7　分割型PC推進管の上部設置状況[2] を編集

⑽　中押管

　長距離推進などにおいて，総推進力が推進設備の推力や推進管，支圧壁の耐荷力を上回る場合は，中押推進を併用することで，各々の耐荷力に対する負担を軽減できる．分割型PC中押管が必要とされる場合は，分割構造の適否を含めた十分な検討を行ったうえで採否を判断する．超大口径PC推進工法では，基本的に推進管の周面抵抗力低減による元押推進力の低減を優先し，中押管の使用をできるだけ避ける．

3．超大口径PC推進工法の施工事例

　本工法研究会加盟会社による超大口径PC推進工法の施工事例について紹介する．

3.1．工事概要

　本工事は，千葉県千葉市にある都市計画道路「新港横戸町線」の道路整備に伴い，支障となる既設下水道管の代替として，呼び径3,500 mm，路線延長196.0 mの下水道管渠を泥土圧推進工法により構築するものである．

　使用する推進管は，公道輸送時における道路法（車両制限令）の積載高さの制約から呼び径3,000までが上限であり，これを超える管渠の築造においては，推進工法を採用できないのが当時の事情であった．しかしながら，道路の供用時期が決められていたことから，下水道の移設にも工期の短縮や移設期限の制約があるほか，旧市街地内での資材搬入，道路工事との作業基地競合などに厳しい条件があった．そこで，資材搬入を含め，移設施工延長が短いこと，シー

ルド工法と比べて工期面で有利である推進工法の大口径下水道管渠
への適用について検討が重ねられた．このような状況を背景に，事
業主側にて，内径3,500mmの分割型PC推進管が従来の円形推進管
と同等の性能であることを確認したうえで，シールド工法と推進工
法の比較検討を行った結果，「超大口径PC推進工法」の優位性が
確認され，採用に至った[12]．**表-3.1.1**に工事概要を示す．

表-3.1.1　工事概要[13],[14] を編集

工事名称	新港横戸町線3.4工区下水道施設移設工事
発注者	千葉市
施工場所	千葉市稲毛区黒砂台2丁目
工期	2004年12月〜2006年3月
工事内容	仕上り内径　φ3,500mm，掘削外径（泥土圧推進工法）φ4,070mm， 管渠延長　196.0m，分割型PC推進管施工延長　187.6m

本工事の施工延長となる発進立坑から到達立坑までの間には，平
面線形として，最小曲線半径200mの区間，およびJR総武線高架
橋（高盛土部）の横断区間などがある．**図-3.1.1**に施工区間の平面
図を示す．

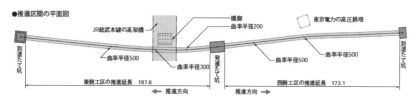

図-3.1.1　施工区間の平面図[14]

本路線中の土質条件としては，洪積層の上に沖積粘性土層と腐植土層が5m程度滞積し，地表付近の2~3m程度が埋土層で構成されている．掘削断面には，埋土層と腐植土層が存在し，特に，腐植土層は，含水比が300％を超え，N値が5以下と軟弱地盤となっている．図-3.1.2に土質縦断図を示す．

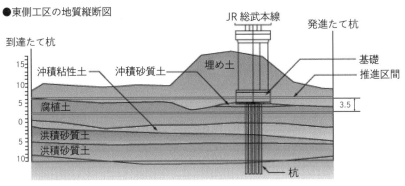

図-3.1.2　土質縦断図[14]

3.2．推進管仕様

　分割型PC推進管の接合面は，プレストレスによるコンクリート突合せ構造となる．また，推進力および土水圧などの外力により発生するせん断力に対しては，接合ピンで対抗する構造となる．表-3.2.1に推進管の仕様を示す．また，接合面には，①設計荷重時に作用する断面力に対して，引張応力度を発生させない，②推進時にせん断力が作用しないように推進力伝達材（90°配置）の端部を接合面と一致させないなどを考慮し，接合面を推進管頂部から37°，および217°に配置した．図-3.2.1に推進管構造，図-3.2.2に接合面位置，写真-3.2.1に推進管全景を示す．

表 - 3.2.1　分割型 PC 推進管の仕様[13]

項　　目	仕　　　　　様
推進管の内径	3,500 mm
推進管の厚さ	275 mm
推進管の長さ	2,430 mm
コンクリート設計基準強度	50 N/mm^2
PC鋼より線（1S15.2 mm）	138.7 mm^2 × 5本
設計プレストレス力	595 kN
接合ピン	ϕ 32 mm × 2本，　ϕ 28 mm × 2本

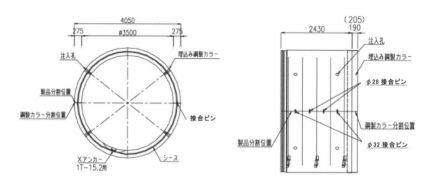

図 - 3.2.1　分割型 PC 推進管の構造[13] を編集

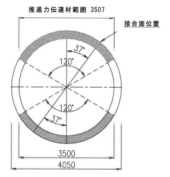

図 - 3.2.2　接合面の位置[13] を編集

写真 - 3.2.1　分割型 PC 推進管の全景[13]

本工事では，最小曲線半径200mを通過する必要があるため，推進方向継手の開口長を検討する必要があった．検討項目は，施工時，地震時レベル1，地震時レベル2とし，安全性の確認を行った．検討結果を**表-3.2.2**に示す．地震時レベル1では，継手開口長が許容値以内であるが，施工時の変動などにより許容値を超える危険性に備え，埋込みカラーの長さは，180mmから205mmに変更した．

表-3.2.2　推進方向継手の開口長と屈曲角 [5] を編集

	計算値	許容値	計算値	許容値
施工時開口長（mm）	54.3	60.0	54.3	60.0
地震時開口長（mm）	レベル1		レベル2	
	56.3	60.0	83.4	60.0
地震時屈曲角（°）	0.020	0.850	0.067	1.700

3.3．施工方法

(1)　分割回収型掘進機

　従来の推進工法で用いられてきた掘進機は，呼び径3,000推進管がトラックなどで輸送可能だったのと同様，一体型のものを搬入，施工後に回収されるのが常識であった．推進管が規格化されていたため，掘進機も推進管に応じて標準化を図り，転用を可能にすることで，工法自体の経済性が発揮されていた．一方，超大口径PC推進工法の適用にあたっては，分割型PC推進管の利用により，管径に対する適用拡大を実現したが，掘進機に関しては，新規製作したものをどのように維持管理し，転用していくかは，建設コスト縮減の大きな課題であった．本工事では，施工会社が保有する分割回収型掘進機の技術を応用して，超大口径PC推進工法に適用可能な掘

進機を独自に開発し，実用化することに成功した．掘進機仕様を
表-3.3.1に，掘進機概要を**写真-3.3.1**，**図-3.3.1**に示す．これに
より，掘進機外径は4mを超え，総重量が80tになったが，分割輸
送，現地組立て，分割回収を可能とした．また，これ以降，内径
3,500mmを超える推進工法への適用機種としてのロールモデルと
なった．

表-3.3.1　掘進機仕様[5] を編集

泥土圧式分割回収型掘進機	
外径	4,070mm
機長	4,410mm
電源	AC400V　50Hz　3P
方向制御ジャッキ	1,000kN × 100st ×21MPa × 8本
油圧ユニット（ポンプ）	8.3ℓ /min × 21MPa × 1台
〃（電動機）	5.5kW × 4P × 1台
カッター	
トルク	1,215kNm（ $a = 18$ ）
回転数	1.04rpm
電動機	22kW × 4P × 400V × 6台
スクリューコンベヤー	
排土量	55m³/h
スクリュー径	ϕ 500mm × 400p
トルク	17.4kNm
回転数	12.0rpm
ゲートジャッキ	105kW × 550st × 21MPa×1本
電動機	22kW × 4P × 400V × 1台

写真-3.3.1　分割回収型掘進機[5]

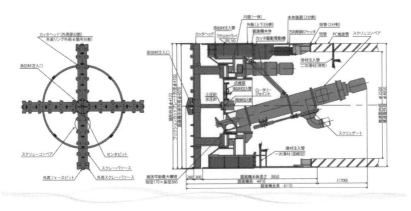

図-3.3.1　分割回収型掘進機[5]

　本掘進機の特長を以下に，また，掘進機の組立て状況を**写真-3.3.2**，**写真-3.3.3**に示す.

① 掘進機輸送に際して，内殻と外殻の分割搬入が可能で，道路法による輸送時の積載制限を回避できる.

② 分割単体で最大重量となる内殻が推進管内を通じて，発進立坑まで引き戻して回収できるため，到達立坑での大型クレーン（100t級）が不要となる.

③ 外殻（6分割）のボルト接合により，組立て，解体が容易で，転用性が向上する.

写真 - 3.3.2　掘進機外殻組立て[5]　　写真 - 3.3.3　掘進機内殻組立て[5]

(2)　二層滑材注入工法

　本工事では，推進管径が大きくなることにより，管の表面積も大きくなるため，推進時の摩擦抵抗が過大になることが予想された．特に，最小曲線半径200mの区間では，その度合いも高まり，推進管に負担をかけない工法の検討が必要とされた．その結果，二層滑材注入工法が採用されることになった．

　二層滑材注入工法は，推進管の周囲に縁切り層を形成する方式で，掘進機には，後胴外径を推進管外径より大きくし，前胴外径を後胴外径より大きくしておく．推進時には，前胴と後胴の段差部分に固結型の一次注入を行うとともに，後胴と推進管の段差部分に液性の二次注入を行う．これにより，一次滑材層が二次滑材の地下水への希釈や地山への逸散を防止し，液性滑材の効果を十分発揮させることができるので，推進力の低減が可能になる．本工法では，一次滑材に固結型滑材を使用することで，推進管の周辺地山に浸透して強度増加を図り，地山の緩みも防止することができる．**図-3.3.2**に二層滑材注入工法の概念図を示す．

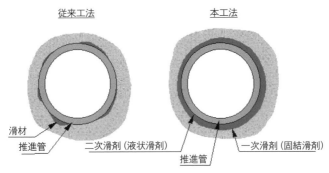

従来工法　　　　　　　　本工法

滑材
推進管　　　二次滑材（液状滑剤）　　推進管　　　一次滑剤（固結滑剤）

図-3.3.2　二層滑材注入工法[5) を編集]

(3)　分割型PC推進管の組立て

　分割型PC推進管の組立てと推進は，150tクローラークレーン1台を使用して行った．実際の作業状況は，本章の**写真1.3.4～写真1.3.6**に示したとおりであるが，このほかにも，埋込み鋼製カラー溶接，ゴム輪の装着，推進管接合部内面側のコーキングなどの作業が加わる．また，アンボンドPC鋼より線の緊張作業が完了すると，PC鋼より線の切断，PCグラウト注入，緊張用切欠きへの無収縮モルタル充填，および切欠き充填後のコンクリート表面に対しては，塗膜防水などの処理が行われる．

　超大口径PC推進工法の適用では，従来の中大口径管推進工法に必要とされた発進基地での設備に加えて，分割型PC推進管の組立て，条件によっては，仮置きスペースが必要となるほか，推進管が搬入されて発進立坑に投入されるまでの移動に関わる効率的な導線確保が求められる．本工事における発進基地全体図を**図-3.3.3**に示す．

　推進管径が大きいため，組立て，立坑投入がすべて高所作業とな

る．そのため，実際の施工では，ゴム輪装着用の移動式門型足場，埋込み鋼製カラー溶接および玉掛専用の固定足場を装備し，推進管組立て作業の効率化と安全性の向上が図られた．また，推進管の組立て，回転，仮置き架台への移動，および立坑投入時に必要となる推進管専用の吊具取付けは，吊り孔まで誘導線を設けることで，高所作業が軽減された．発進立坑内では，推進管上での作業が必要になるため，スライド式安全帯掛けを設置して，作業員の墜落，転落を防止が図られた．**写真-3.3.4** に誘導線装備状況，**写真-3.3.5** にスライド式安全帯掛けを示す．

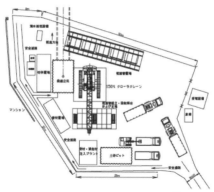

図- 3.3.3　発進基地全体図[5]

写真- 3.3.4　吊具専用誘導線[5]

写真- 3.3.5　スライド式安全帯掛け[5]

(4)　施工結果

(ア)　推進力の推移

　総推進力は，9,780 kNとなった．通常の滑材を用いた下水道協会式による総推進力計算値は，19,383 kNとなり，中押設備が2段必要とされた．二層滑材注入工法によれば，中押設備は不要で，総推進力の計算値は，9,771 kNとなり，ほぼ施工結果と同等となっている．**図-3.3.4**に推進力の推移を示す．

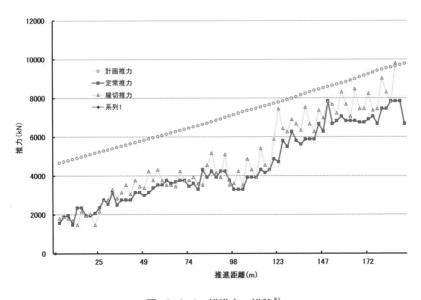

図-3.3.4　推進力の推移[5]

(イ)　JR高架橋の近接施工

　推進工は，JR総武線高架橋橋脚との最小離隔が2.71 mと近接施工になるため，あらかじめFEM解析を実施し，フーチングの変位

として水平3.4mm，鉛直0.0mm，杭に発生する応力も許容値以下であることが確認された．また，予測値検証のため，推進管が通過する両端の橋脚で沈下，傾斜などの変位計測も実施された．計測結果は，橋脚の沈下量が最大0.3mm，傾斜角が0.5分であり，警戒値の1/4～1/5程度で特に問題はなかった．

㈅　推進方向継手の開口長

到達時の推進管全本数について，推進方向継手開口長の計測結果を**図-3.3.5**に示す．推進方向継手には，厚さ20mmの緩衝材を貼付している．計算上では，曲線半径200m区間の開口長左右差が49mmであった．実際の施工では，曲線始点手前から曲線中間部にかけてほぼ比例的に増加，最大値は63mmになった．曲線半径300m区間では，最大値が38mmであった．

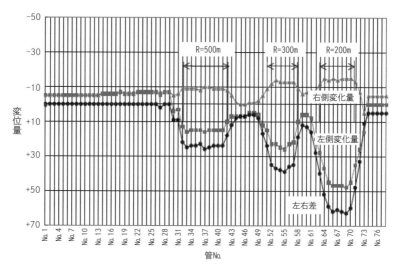

図-3.3.5　推進方向継手の開口長推移[5)]

㈢　推進工の進捗

　掘進は，目標日進量（3本/日）に対し，1.5本/日（12時間）と報告されている．原因は，推進路線中，ほぼ全線にわたり，コンクリートがら，木材などの障害物と遭遇し，掘進機の排土装置改良や切羽における障害物撤去作業に時間を要したためである．これらの要因がなければ，日進量2本/日（12時間）による施工は十分可能と想定される．**写真-3.3.6**に推進中の坑内状況，**写真-3.3.7**に完成した坑内状況を示す．

写真-3.3.6　推進中の坑内状況[12]

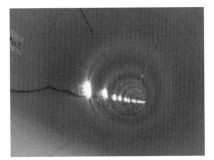

写真-3.3.7　完成した坑内状況[12]

3.4.　今後の課題

　超大口径PC推進工法の施工では，分割型PC推進管の採用に端を発して，従来用いられてきた掘進機，推進設備などが適用可能なレベルで改良され，実際に使用された．施工方法自体は，現地での推進管組立て作業が加わるが，推進工などに大きな変化があるわけでもなく，専門業者にとって，比較的馴染みやすかったのではないかと推察する．ただし，推進管がもともと分割されていたことで，推進管の地盤中での動的挙動による接合面への影響はかなり心配さ

れた．シールド工法のセグメント継手で用いられるくさび接合で摩
擦力のみに依存する継手構造では，推進時の微振動などにより，く
さび自体の緩みも懸念される．一方で，プレストレスで円形部材を
一体化する技術は，すでに第2章 P&PC セグメント工法で立証済み
であったが，プレストレスによる接合方法が推進工法の施工時荷重
に持ちこたえられるのかという課題については，供試管や実物大推
進管を用いた静的載荷試験では確証が得られず[4), 15)]，実際の施工で
検証する以外に方法はなかった．そのため，本工事では，分割型
PC 推進管の接合面や推進方向継手に対し，緻密な挙動計測を実施
した[13)]．曲線施工に関しては，あらかじめ模型推進実験[3)] にて，接
合面への影響を検証していたが，今回の施工結果によれば，曲線や
蛇行の推進に対しても，接合面や推進方向継手に異常は認められな
かったようである．

　推進時の施工時荷重は，推進管と地山の間の摩擦力や地盤反力な
ど，土質条件によって大きく左右される．そのため，掘進機や滑材
の改良により，現地条件に応じたスムーズな推進工が実施され，推
進管に対する負荷が少なくなるような施工方法を模索していくこと
が推進工法の大規模化に必要不可欠ではないかと考える．二層滑材
注入工法などの採用は，よい事例といえるが，これには，超大口径
PC 推進工法の普及とともに，施工実績の蓄積により対処されるこ
とを期待したい．

参考文献

1) 超大口径PC推進工法研究会パンフレット；超大口径PC推進工法とは，2022.

2) 超大口径PC推進工法研究会；超大口径PC推進工法技術資料，2022.

3) 西川和良，鈴木明彦，田中正樹，三上博，近藤二郎，川相章；分割型PC推進管による曲線推進について，土木学会論文集No.798，Ⅵ-68，土木学会，2005.

4) 西川和良，植竹克利；【論文】分割型PC推進管を用いた超大口径推進工法に関する研究，下水道協会誌Vol.42，No.518，日本下水道協会，2005.

5) 佐藤英郎，薮ノ和洋；超大口径管 φ 3500推進工事の施工，第16回非開削技術研究発表会論文集，日本非開削技術協会，2005.

6) （公社）日本下水道協会；下水道推進工法の指針と解説2010年版，2010.

7) 超大口径管推進工法研究会；超大口径推進工法用管（案），（株）カントー，2007.

8) （公社）日本下水道協会；JSWAS下水道推進工法用鉄筋コンクリート管（呼び径800～3000）JSWAS A-2-1999，2002.

9) 藤生和也，松宮洋介，濱田知幸；3. 管路施設の長寿命化に関する調査，平成18年度下水道関係調査研究年次報告集，国土技術政策総合研究所，2006.

10) （公社）土木学会；2017年制定コンクリート標準示方書[設計編]，丸善出版，2018.

11) 全国ヒューム管協会；技術資料，PDF版ヒューム管設計施工要覧，2013.

12) 高橋澄夫；特集/超大口径推進工法の標準化と普及に向けて，解説千葉市における超大口径管推進工法の施工例と期待について，月刊推進技術Vol.21 No.8，日本推進技術協会，2007.

13) 植竹克利，佐藤英郎；超大口径PC推進管の推進工事における挙動計測（その1），第16回非開削技術研究発表会論文集，日本非開削技術協会，2005.

14) ズームアップ下水道；新港横戸町線下水道移設工事（千葉県）世界最大径の推進工法を採用，日経コンストラクション01/27号，日経BP，2006.

15) 西川和良，新井英雄，三上博，近藤二郎，石川眞，石川和秀；分割型PC推進管の基本性能と適用性について，土木学会論文集，No.763，Ⅵ-63，土木学会，2004.

あとがき

　本書の執筆を思いたったのは，長年勤務した建設会社を早期退職した時点であった．

　当時，本書で取り上げた新たな都市トンネル工法も，技術研究開発，市場開拓などにともに歩んできた先輩諸氏のほとんどが第一線を退き，また，若手技術者たちもすでに別の業務へと離れていく中，その技術をより進化させようという体制は，すでに消失しかけていた．また，事業者や設計会社からの問い合わせも少なくなり，せっかく大勢の技術者が長年にわたって手がけた貴重な財産が，その価値を喪失してしまうのではないかという危惧さえ感じられた．

　本書に掲載した技術の研究開発が始められた1990年代は，建設業界でも技術開発投資が盛んになった時期であり，例年，学会や協会で発表される論文，報文は相当な件数であった．特に，都市トンネル工法関連では，シールド工法に関する技術開発テーマが異常に多かった．例えば，シールド工法の一次覆工（セグメント）の新技術に限っても，年間数十件以上の新規発表が見られたように思う．当時の企業集団は，他社追随とばかりに，熾烈な競争に鎬を削り，新技術で工事を勝ち取ろうという熱意が肌で感じられたものである．その後，わが国では，景気の変動を境に，公共工事の品質，コストなどの改革が施行され，建設分野の技術開発に関しては，「選択と集中」で代弁されるように，量より質が求められる時代に突入していった．これにより，過去に有用と思われた技術ではあっても，現在では，実績が伴わないことを理由に見る影もなくなったものが多くある．

そうした中で，プレストレストコンクリートを応用した都市トンネル工法は，その構造的な優位性から，橋梁の分野同様，将来的に発展の余地を大いに残している．非開削トンネル工法の2つのラインアップが出揃い，その技術を重厚長大な開削トンネルなど，未知なる領域へ応用される契機になればと，浅学非才を顧みず，本書執筆に挑んだ次第である．

　本書に掲載した技術は，すべて同業他社との共同研究の成果であり，非常に多くの方々が業務に携わった．著者もその一員に過ぎず，中身を俯瞰的に論じる立場は，何分僭越と思うところではある．しかしながら，建設業界では，高齢化に伴う将来の担い手不足が叫ばれて久しく，後生に語り継ぎたい技術を残すという責務を果たすためには，本書のような解説書が，その重要な役割を果たしてくれるものと信じている．建設業界の将来を背負って立つ若手技術者諸氏には，是非，本書を種々業務における発想の契機として活用していただきたい．

　最後に，本書で示したP&PCセグメント工法，および超大口径PC推進工法の研究開発，実用化に際しましては，早稲田大学名誉教授小泉淳先生に，懇切丁寧な御指導を賜りました．ここに，関係者一同を代表し，改めて厚く御礼申し上げます．また，本書掲載の工法実現に多大な尽力をいただいた関係者の皆様，図版などの転載許諾に関して御協力いただいた法人・企業の担当者様，および本書刊行に絶大な支援をいただいた幻冬舎ルネッサンス様に心から感謝を申し上げます．

2023年1月　西川和良

索　引

著者略歴

西川 和良（にしかわ かずよし）

　博士（工学：早稲田大学）

　特別上級土木技術者（土木学会フェロー）

　技術士（建設部門：トンネル）

1962年5月　山口県生まれ

1985年3月　日本大学理工学部土木工学科　卒業

1985年4月　住友建設株式会社　入社

1993年12月 英国留学

2003年4月　三井住友建設株式会社　統合移籍

2005年6月　財団法人国土技術研究センター　研修

2017年5月　三井住友建設株式会社　退社

2017年6月　株式会社オリエンタルコンサルタンツグローバル　入社

〜現在に至る

主な著書

共著：トンネル・ライブラリー第26号　トンネル用語辞典2013年版（土木学会）

共著：シールド技術変遷史　平成28年3月（日本トンネル技術協会）

プレストレストコンクリートと都市トンネル工法

2023 年 1 月 30 日　第 1 刷発行

著　者　　西川和良
発行人　　久保田貴幸

発行元　　株式会社 幻冬舎メディアコンサルティング
　　　　　〒 151-0051　東京都渋谷区千駄ヶ谷 4-9-7
　　　　　電話　03-5411-6440（編集）

発売元　　株式会社 幻冬舎
　　　　　〒 151-0051　東京都渋谷区千駄ヶ谷 4-9-7
　　　　　電話　03-5411-6222（営業）

印刷・製本　シナジーコミュニケーションズ株式会社
装　丁　　弓田和則

検印廃止
©KAZUYOSHI NISHIKAWA, GENTOSHA MEDIA CONSULTING 2023
Printed in Japan
ISBN 978-4-344-94371-1 C0052
幻冬舎メディアコンサルティング HP
https://www.gentosha-mc.com/